走进化学世界丛书

化学中的世界之最

HUAXUEZHONG DE SHIJIE ZHIZUI

○ 图文并茂
○ 主题热门
○ 创意新颖

本书编写组◎编

ZOUJIN HUAXUE SHIJIE CONGSHU

世界图书出版公司
广州·北京·上海·西安

图书在版编目（CIP）数据

化学中的世界之最／《化学中的世界之最》编写组
编 . —广州：广东世界图书出版公司，2010.3 （2024.2 重印）
ISBN 978 - 7 - 5100 - 1633 - 2

Ⅰ．①化… Ⅱ．①化… Ⅲ．①化学－青少年读物
Ⅳ．①O6 - 49

中国版本图书馆 CIP 数据核字（2010）第 043618 号

书　　　名	化学中的世界之最
	HUAXUEZHONG DE SHIJIE ZHIZUI
编　　　者	《化学中的世界之最》编写组
责任编辑	陈世华
装帧设计	三棵树设计工作组
出版发行	世界图书出版有限公司　世界图书出版广东有限公司
地　　　址	广州市海珠区新港西路大江冲 25 号
邮　　　编	510300
电　　　话	020-84452179
网　　　址	http://www.gdst.com.cn
邮　　　箱	wpc_gdst@163.com
经　　　销	新华书店
印　　　刷	唐山富达印务有限公司
开　　　本	787mm × 1092mm　1/16
印　　　张	10
字　　　数	120 千字
版　　　次	2010 年 3 月第 1 版　2024 年 2 月第 10 次印刷
国际书号	ISBN　978-7-5100-1633-2
定　　　价	48.00 元

前　言

　　在原始社会，人类为了生存，在与自然界的种种灾难进行抗争中，发现和利用了火。从此，人类逐渐由野蛮进入文明，开始利用化学方法认识和改造天然物质。燃烧，就是一种化学现象。掌握了火以后，人类开始食用熟食；继而又陆续发现了一些物质的变化，如发现在翠绿色的孔雀石等铜矿石上面燃烧炭火，会有红色的铜生成。这样，人类在逐步了解和利用这些物质的过程中，制出了对人类具有使用价值的产品。也就从这时起，人类便开始了对化学的不断探索。

　　在生产实践中，人类逐步学会了制陶、冶炼；以后又懂得了酿造、染色，等等。这些由天然物质加工改造而成的制品，成为古代文明的标志。在这些生产实践的基础上，萌发了古代化学知识。

　　公元前4世纪，希腊人提出了火、风、土、水四元素说和古代原子论。这些朴素的元素思想，即为物质结构及其变化理论的萌芽。后来在中国出现了炼丹术，到了公元前2世纪的秦汉时代，炼丹术颇为盛行，大致在公元7世纪传到阿拉伯国家，与古希腊哲学相融合而形成阿拉伯炼丹术，阿拉伯炼金术于中世纪传入欧洲，形成欧洲炼金术，后逐步演进为近代的化学。

　　16世纪开始，欧洲工业生产的蓬勃兴起，推动了医药化学和冶金化学的创立和发展，使炼金术转向生活和实际应用。在元素的科学概念建立后，通过对燃烧现象的精密实验研究，建立了科学的氧化理论和质量守恒定律，随后又建立了定比定律、倍比定律和化合量定律，为化学进一步科学的发展奠定了基础。

19世纪初，建立了近代原子论，突出地强调了各种元素的原子的质量为其最基本的特征（其中量的概念的引入，是与古代原子论的一个主要区别）。19世纪下半叶，热力学等物理学理论引入化学之后，不仅澄清了化学平衡和反应速率的概念，而且可以定量地判断化学反应中物质转化的方向和条件。相继建立了溶液理论、电离理论、电化学和化学动力学的理论基础。近代原子论使当时的化学知识和理论得到了合理的解释，成为说明化学现象的统一理论。门捷列夫发现元素周期律后，不仅初步形成了无机化学的体系，并且与原子分子学说一起形成化学理论体系。

进入20世纪，由于受自然科学发展的影响，以及当代科学的理论、技术和方法的广泛应用，化学在认识物质的组成、结构、合成和测试等方面都有了长足的进展，而且在理论方面取得了许多重要成果。在无机化学、分析化学、有机化学和物理化学4大分支学科的基础上，产生了新的化学分支学科。

无论是人类最初的化学发现，还是最具影响力的化学理论，都为人类文明的推进做出了巨大的贡献。让我们铭记这一切，并为人类文明的发展而不懈努力！

本书以知识性和趣味性为主导，并贯穿始终，为读者朋友介绍了化学世界中最有趣的故事、最有影响力的理论、最奇妙的物质等。

目 录
Contents

2

3

最伟大的化学家

德谟克利特——古希腊原子论的倡导者

公元前有些哲学家，曾经提出过类似原子论的学说，认为物质是由微小的颗粒组成的。从中国的墨子、印度的呔陀到希腊的一些学者，都有过这类的著作，尤以希腊的德谟克利特最为有名，他留下的著作的内容也较丰富。

在我国有一位古代哲学家和他的学生们留下了一部著作，从中我们找到几句接近原子学说的话。这部有名的书就是《墨子》。墨翟这位学者是中国历史上杰出的思想家，他生在比孔丘稍晚一点的春秋末年。据钱穆的考证，墨翟大概生于公元前 479 年，死于公元前 381 年。战国到汉朝初年，一般人都是以孔丘和墨翟并称的。到了汉朝，因为孔丘的学说大大地有利于封建统治阶级，而墨翟的学说却富有民主思想，所以儒家思想被大力提倡，墨家思想却被排斥和受压抑了。

《墨子》这部书，一部分是墨翟的学生们对于他的言论的记录，另一部分是墨翟死后，他这学派的人编写的。据清末的人考证，《墨子》里"经上"等 6 篇，是战国末年墨家的后学写作的。这里提出了"端"的概念，认为"端"，"体之无序而最前者也"。"经下"篇里又有这样的话："非半弗则不动，说在端。"这句话的意思是说：物质到了没有一半的时候，就不能斫开它了。这种情形可名之为"端"。这几句话的意思是说：要分就得要那物质本身有可分为两半的条件；如果没有分为两半的条件，那就不能分了。所以说，"端"是无法间断的。这些话诚然很简短，我们从化学史的立场来看，认为《墨子》里的"端"字，可说具有现代原子学说的雏形。因此，我们相信，墨派的学者已有了极其原始的物质小单位的概念了。

印度历史学家曾说，原子理论出现在塞拿陀等人的胜论派哲学体系之中，后来从公元前 2 世纪起在佛教和耆那教的著作中得到了发展。他们把原子的梵文名拼成拉丁字，先名为 anu，微小之意；后来又名为 Parάanu，很微小的意思。他们认为这些颗粒是不灭的、球形的，比日光中最微小的尘埃还小。原子有颜色、味道和气味。它们首先一对一对地结合起来，然后形成更大的原子对的集合体。

除了我国和印度古代哲学著作之外，最重要的是古希腊的学说。在人民教育出版社 1982 年出版的初级中学课本《化学》上，有这么一段话："远在公元前五世纪，希腊哲学家德谟克利特等人认为万物是由大量的不可分割的微粒构成的，并把这些微粒叫做'原子'（希腊文 ατομ，原意是'不可分割的'）。"

德谟克利特生于希腊北部阿布德拉市色雷斯城里。关于他的生平事迹，已经知道的不太多了。只知道他到过雅典，并被人称作"爱笑的哲学家"。现在人们都知道，他是留基伯的学生。他比阿里士多德的生年稍早一些。阿里士多德生于公元前 384 年。现在欧洲的物理学和化学书上都认为，德谟克利特是最早宣扬原子学说的学者之一。

他的学说是这样的：一切事物的始基是原子和虚空，其余一切都只是幻想。世界有无数东西，它们是有生有灭的。没有任何东西从无中来，也没有任何东西在毁坏之后归于无。原子在大小和数量上都是无限的。它们在整个宇宙中由于一种涡旋运动而运动着，并因此而形成一些复合物，就是欧洲早期认为的四大元素：火、水、气、土。

德谟克利特又说过："原子诚然是自然界的实体，一切都从原子产生，一切也分解为原子，可是现象世界的经常不断的毁灭并没有任何意外结果。新的现象又在形成，但是作为一种固定东西的原子本身却始终是物质的基础。"有人认为留基伯是原子学说的创始人，阿里士多德说留基伯是原子学说的真正创始人，可惜他的所有著作全都散失了。可是德谟克利特的著作还有一些残片存在，所以现在人们都承认德谟克利特是原子学说最早的宣传者。

马克思、恩格斯称德谟克利特为"经验的自然科学家和希腊人中第一个百科全书式的学者"。列宁还把唯物主义发展路线称为"德谟克利特路线"。三位革命导师对德谟克利特的颂扬是很有道理的。德谟克利特在数学上首次提出圆锥体的容量等于同底同高的圆柱体的容量1/3的定理，并曾进行过动物尸体解剖等。

在哲学上，德谟克利特认为原子和虚空是万物的本原，无数的原子永远在无限的虚空中的各个方向运动着，相互冲击，形成漩涡，产生无数的世界。原子不可分割，无

马克思

质的区别，而只有大小、形状的差异。原子以不同次序和位置结合起来，产生物体。灵魂为光滑精细、运动极快的圆形原子结合而成，因而也是一种物体。原子分离，物体变化而不消灭。他又认为，一切事物都是由必然性决定的。由于无知，人们才认为有偶然性的存在。物体投射出来的影像引起感觉，感觉是认识的来源。但只有理性，才能把握住实在，而使人认识到万物都由在虚空中运动着的原子构成。

现在人们所知道的德谟克利特学说，一部分来自卢克莱修的著作《物性论》。尽管德谟克利特等人对于提倡原子学说起了相当的作用，可是总的说来，他们的理论基本上是哲学性的推想，而没有任何实验的根据。一直到19世纪初期，道尔顿利用化学分析法，研究了许多物质的组成，才重新使用了古希腊哲学上的名词，称这些小颗粒为原子。我们可以认为，正如

3

恩格斯在《自然辩证法》中所说的那样，化学中的新时代是从道尔顿开始的。

炼丹术与葛洪

封建社会发展到一定时期时，生产力有了相当的提高，统治阶级的物质享受比以前大有增加，这就使得皇帝和贵族自然而然地产生了两种愿望：一是希望长生不老；一是希望有更多的财富。于是，求长寿和希望多得到黄金就成为封建统治阶级的要求。为了满足他们的要求，逐渐有些方士来搞炼丹的方术，认为可以炼出长生不老的药和人造的金银，这就是炼丹术的兴起和发展的历史条件。

4

葛洪

在我国历史上搞炼丹术的人中，最著名的要算晋朝的葛洪了。他承袭了早期的炼丹理论，结合了儒家和道家的思想，运用了道教的宗教势力，留下了完整的著作。这样就使他成了我国炼丹史上一个承前启后的人物，不但受到国内研究化学史的学者注意，在国外，研究世界炼丹史的人也很注意考证他的生平和著作。

查考葛洪生平的最可靠的文字是他在《抱朴子外篇》一书里的自叙，但里面只叙述到他的中年，补充的材料得靠《晋书》里的《葛洪传》。葛洪有一个号叫葛稚川，所以后来许多道教的书上称他为稚川真人；他还有一个号叫抱朴子，意思说，他乃是一个朴实的人。他的祖父葛系曾在三国时代的吴国做过大官，父亲葛悌也在吴国做过官，后来降了晋。葛洪出生的地方是现在的江苏句客县。关于他的出生年月，在他的自叙和《晋书》的本传里都无记载。可是从他的著作里，我们可以间接地把他的出身年份进行推测。他的自叙里有"今齿近不惑"的话，也就是说，写自叙的时候近40岁了。自叙里又有这样的一段话："洪年二十余，乃计作细碎小文……十余年至建武中乃定。凡著'内篇'二十卷，'外篇'五十卷。"建武是晋朝元帝司马睿的年号，是公元317年。在《抱朴子外篇》的《吴失篇》里，葛洪又说："余生于晋世"。吴国是在公元280年被晋灭了的，如果葛洪是281年生的，到了317年，按我国习惯计算年龄，就是37岁了，这与他说的"齿近不惑"的话是相符的。由此，可以推测葛洪当在公元281年前后出生。

葛洪在13岁时，父亲就死了，因此，他少年时代生活困难。自叙里说他从16岁读儒家的《孝经》、《论语》开始，然后广泛地读书，从经书、史书一直到短杂文章，还学了《望气》、《卜卦》之类的书。大概在公元306～316年，广东南海有一位姓鲍的太守，喜欢搞神仙之术，葛洪拜他为师学道，还和鲍太守的女儿结了婚。对于一个封建社会的读书人来说，神仙道教的思想往往是在所谓不得志的情况下滋生出来的，葛洪搞炼丹就是一个典型的例子。

关于葛洪修道的经过和是谁传授他学习炼丹，在《抱朴子内篇》和《晋书》里均有记载。《抱朴子内篇》里说："昔左元放于无柱山中精思，而神人授以金丹仙经。会汉末乱，不遑合作，而避地来渡江东，志欲投名山以修斯道。余从祖仙公，又从元放受之……余师郑君者，则余从祖仙公之弟子也。……余受之已二十余年矣。"（这段话里的"合作"二字系指合药作丹。）《晋书》的《葛洪传》里有一段话："从祖玄，吴时学道得仙，号曰葛仙公，以其炼丹秘术，授弟子郑隐，洪就隐学，悉得其法焉。从师事南海太守上党鲍玄。"从以上记载，可以看出，葛洪在20岁之前就学了一点神仙之术，传授的系统是左慈教葛玄，葛玄教郑隐，郑隐教葛洪。后来，葛洪又从鲍玄那里学到更多的炼丹术。从公元326年起，葛洪担任过几任中等京官。公元330年左右，他听说交一地出产仙丹的原料，便请求到广西的勾漏县去做官，以便就近采料炼丹。他得到了晋朝皇帝的同意，带了一家人去南方。

到了广州以后，受到朋友的劝阻，就留在广州，在罗浮山修炼，过他的"神仙丹鼎"的生活。《晋书》里说他活到81岁。在我国历史上,在炼丹者死去时,称为"尸解得仙"。而宋朝乐史所著的《太平寰宇记》里说:葛洪死的时候为61岁。

葛洪的生平虽然没有什么惊人的地方,但他的著作对后来道教的发展有一定的影响,所以道教中人对他十分尊重。许多有名的山岭都有纪念他的建筑物或者传说中的他的炼丹遗址。其中最有名的是杭州西湖上的葛岭,那里有刻着葛洪像的石碑和传说他在那里炼丹时用过的水井。这些古迹的传诵历时可能已经很久,因为元朝(公元13世纪)诗人杨载的诗里已经有"一宿葛洪丹井上"和"寂寂丹台夜"的诗句。从这些遗留至今的纪念物可以看出,葛洪在道教的发展和炼丹术的传播上,所起的作用是不小的。

要评价葛洪的思想和炼丹理论,就要了解他在炼丹术上有哪些记载,并查考他的著作。《晋书》的《葛洪传》里说他是:"博闻深洽,江左绝伦,著述篇章,富于班马。"就是说,葛洪的学问很丰富,在江南是无人可比的,他的著作比班固和司马迁的著作还要多。在葛洪的自叙里,列举了他自己的著作:"凡著'内篇'二十卷,'外篇'五十卷,碑颂诗赋百卷,军事檄移章表笺记三十卷,又撰俗所不列者为'神仙传'十卷,又撰高尚不仕者为'隐逸传'十卷,又抄五经、七史、百家之言;兵事方伎、短杂奇要三百一十卷。"一个还没有满40岁的人就写了这么多的书,著作220卷,抄述310卷,可谓精力过人了。

涵芬楼影印的正统《道藏》和万历的《续道藏》共收入了所谓的"葛洪的著作"共13种,书名是《元始上真象仙记》、《枕中记》、《抱朴子养生论》、《稚川真人校证术》、《还丹肘后诀》、《抱朴子神仙金沟经》、《太清玉碑子》、《大丹问答》、《金木万灵论》、《抱朴子内篇》、《抱朴子别旨》、《抱朴子外篇》、《葛仙翁肘后备急方》。在这13种著作中,《抱朴子内篇》和《抱朴子外篇》是可信的著作,《葛仙翁肘后备急方》乃是根据葛洪的原著,经过南北朝的陶宏景和后人增补的。另外的10种书大概都是后来的人假托了葛洪的名字编写的。《抱朴子内篇》和《抱朴子外篇》的内容截然不同。关于前一本书的性质,葛洪在自叙里曾经有过说明:"'内篇'言神仙方药……属道家。"至于《抱朴子外篇》,则完全讲的是儒家应世之道,是封建阶级的政治理论，与炼丹术没有什么关系。

葛洪的炼丹理论是从他的内神仙、外儒术的思想出发的，这种思想表现在他把老庄学充分演化为神仙方士之术，但也没有完全放弃作为统治阶级理论的儒家学。《抱朴子内篇》共有20卷，每卷有一个只有2个字的小标题，例如"畅元"第一；"金丹"第四；"仙药"第十一；"黄白"第十六；"祛惑"第二十。其中有几卷讲所谓"道"的基本理论；有几卷反复说明神仙必定存在；也有讲游山、玩水、画符等的；讲炼丹的是"金丹"、"仙药"、"黄白"三卷。葛洪的炼丹基本理论是，认为一切物质都可以变，在诚心的要求和适当的条件下，就可以变出最宝贵的仙丹和黄金。在《抱朴子内篇》里，他反复地用了许多比喻来说明他的信念。

用自然科学的观点来看，《抱朴子内篇》里的"金丹"、"黄白"三卷各有重点。"金丹"以用无机物质炼出所谓长生的仙丹为主；"仙药"以讨论植物性的"五芝"而延年益寿为主；"黄白"以讲所谓人造黄金和白银为主。五芝显然是指长在枯树上的一些肥大的菌类，而"仙药"里所提到的茯苓、地黄、麦门冬等在今天还都是中药里常见的。可是就化学组成来说，这些植物的结构是很复杂的，所以我们不能就此认为葛洪已经懂得其中的化学了。

在"金丹"篇里，有一段话："取武都黄丹，色如鸡冠，而光明无夹石者，多少在意，不可令减五斤也。捣之如粉，以牛胆和之，煮之令燥似赤土。釜容一斗者，先以戎盐、石胆末荐釜中，令厚三分，乃内雄黄末，令厚五分，复加戎盐于上，如此相似，至尽，又加碎

《抱朴子》

炭，大如枣核者，令厚二寸，以蚓蝼土及戎盐为泥，泥釜外，以一釜复之，皆泥令厚三寸勿泄，阴干一月，乃以马粪火煴之，三日三夜，寒发出，鼓下其铜，铜流如冶铜铁也。乃令铸此铜以为筒，筒成，以盛丹砂水，又以马屎火煴三十日，发取捣冶之，取其二分，生丹砂一分并绿汞，汞者水银也，立凝成黄金矣，光明美色可中钉也。又作丹砂水法，以丹砂一斤，内生竹筒中，加石胆、消石各二两，复荐上下，闭塞筒口，以染骨丸封之，须干，以内醇苦酒中，埋之地中，深三尺，三十日成，水色赤味苦也。"这段文字虽不易完全理解，可是葛洪做过类似化学的实验这一点却是显然的。这段文字的大意是：雄黄（硫化砷）、石胆（硫酸铜）能在高温下被炭还原为铜砷混合熔体，再以此混合熔体与丹砂起作用，可以得出黄色的铜、砷、汞的混合物，这种混合物的颜色金黄，被视为宝丹。

无机物质的组成和化学反应比较简单，从《抱朴子内篇》的内容来判断，可以认为葛洪已有了下列化学知识：

（1）在"金丹"卷中，葛洪写道："丹砂烧之成水银，积变又还成丹砂。"他大概自己做过这样的实验：就是将红色的硫化汞（丹砂）加热，使它分解出汞。而汞加硫磺又能生成黑色的硫化汞，再变为红色。由硫化汞制水银，我国最晚在公元前 2 世纪就知道了，而葛洪却是最早较详细地记录这些化学反应的人。

（2）在"黄白"卷中，葛洪写道："铅性白也，而赤之以为丹，丹性赤也，而白之以为铅。"这里的铅就是铅，也就是说，葛洪已经知道铅能变成红色的四氧化三铅；而四氧化三铅又能分解出铅。

雄黄矿晶

（3）在"金丹"卷中，葛洪写道："取雌黄、雄黄，烧下，其中铜铸以为器复之。……百日此器皆生赤乳，长数分。"雌黄指 AsS_3，雄

黄指 AsS_4，这两种砷的硫化物加热后都能升华，赤乳即是升华得到的晶体。由此可见，葛洪曾经做过升华的试验而得出这个结论。

（4）在"黄白"卷中，葛洪写道："以曾青涂铁、铁赤色如铜。"曾青大概是指蓝铜矿 Cu（OH）·2CuCO 或孔雀石 Cu（OH）·CuCO。可见，葛洪已经做过铁与铜盐的置换反应。

（5）葛洪除了利用汞、硫磺、硫化汞、铅、四氧化三铅、三硫化二砷、四硫化四砷作为炼丹的原料之外，还用了石胆（含硫酸铜矿物）、消石（含硝酸钾矿物）、寒羽涅（石膏）、赤石脂（赤铁矿）、矾石（含明矾矿物），使当时应用自然矿产的范围扩大了。

（6）"黄白"卷中描述过外表像黄金或白银的金属，这可能就是葛洪曾经制出的合金，里面可能含有不同比例的铜、铅、汞、镍。

炼丹术是近代化学的先驱，它所用的实验器具和药物都是化学发展初期所必需的。我国的炼丹术起源很早，到了公元 4 世纪，葛洪成了我国炼丹术中承前启后的人物。他的富于鼓动性的文笔，替炼丹术做了大量的宣传；他的比较具体的炼丹方法的记录，帮助了后来唐宋炼丹术的发展。葛洪是一位值得纪念的历史人物。

化学史上第一伟人波义耳

波义耳 1627 年出生于爱尔兰，他父亲十分富有，因而波义耳从小就受到良好的教育，他自己就拥有一个设备优良的实验室。开始他主要研究气体的性质，曾用一支 U 型管和水银研究气体的压力和体积的关系，提出了著名的波义耳定律。

波义耳是化学史上的第一伟人，他确立了科学的元素概念。他在《怀疑化学家》一书中写到"我所理解的元素，像有些化学家清楚说到的那样，是确定的、初始的、简单的、完全未混和的物体。它们不是彼此互相构成的，而是由它们构成一切所谓的混和物体，而这些混和物体归根到底可以分解为其组成部分。"他这一概念的提出结束了亚里斯多德四元素学说长达 1000 多年的统治。

波义耳

波义耳还是分析化学的奠基人之一，他把"分析"一词引进化学中来。他为定性分析提供了几种试剂，如用加石灰生成白色沉淀来鉴定硫酸，用加硝酸银生成沉淀来鉴定盐酸，用与氨反应生成蓝色溶液来鉴定铜盐等等。

他还发现了几种酸碱指示剂。一次，他把一束深紫色的紫罗兰带入实验室，然后就开始加热浓硫酸，加热后又往烧杯中倒入一些浓盐酸，随之冒出许多白雾。这时波义耳发现放在桌上的紫罗兰在微微冒烟，他连忙将其拿到水池中冲洗，过了一会波义耳惊奇地发现紫色罗兰全部变为红色。他又采来各种花，经实验发现大部分花草受酸或碱作用都能改变颜色，其中从石蕊地衣中提取出来的紫色浸液和酸碱作用颜色变化十分明显，和酸作用变成红色，和碱作用变成蓝色。后来波义耳就用石蕊浸液把纸浸透，然后烤干，用以在实验中检验物质的酸碱性。这就是我们在实验室经常用到的石蕊指示剂和石蕊试纸。

波义耳最重要的贡献还在于他为化学的发明指明了方向。他认为，"我应该以哲学家的身份来看化学，我在这里草拟了化学哲学的计划，希望用自己的实验和观察来完成这一计划并使之完善起来。"波义耳提出了发展科学的新道路，为新的化学科学的诞生奠定了基础，使化学成为一门独立的科学，并提出这门科学应有自己独立的研究对象、问题、任务和方法。

燃素学说和施塔尔

燃烧现象是自然界发生的最重要的变化之一，因此人们（特别是化学家）历来都很重视物体在火中会发生什么变化。对火的观察所得到的最明

10

显的现象是有些物质在燃烧时能产生火焰，有机物质燃烧以后留下了少量灰烬，其重量远比原来的有机物轻，这似乎说明在燃烧时是损耗物质的。

于是，化学家开始猜想，在燃烧时是否有某种易燃的元素逃逸了。虽然，与此同时冶金化学家发现了一个与上述现象相反的事实，即金属在加热时变成了较重的粉末——金属灰。但是他们只埋首于实际工作，对这样的理论问题并不感觉兴趣，也不去深究。

18 世纪初，比较全面地研究燃烧现象的化学家，当推施塔尔。他的老师德国化学家贝歇尔在 1669 年写的《土质物理》一书中论述了燃烧作用。贝歇尔继承了帕拉塞斯的"三元素说"（认为物质是由盐、硫、汞三种元素按不同比例构成的），他指出，物质之所以千差万别，是由于构成它们的"土"各不相同。他把土分成 3 类："油状土"、"玻璃状土"、"流质土"。玻璃状土相当于三元素说中的盐，能使物质具有一定的形态；流质土相当于汞，能使物质致密而具有金属光泽；油状土相当于硫，能使物质易于燃烧。他认为燃烧是分解作用，不能分解的物质是不会燃烧的。虽然贝歇尔并未提出"燃素"这一概念，但是他认为物质燃烧时放出"油状土"，因此，后人认为他是与施塔尔共同创立"燃素学说"的化学家。

贝歇尔的学生施塔尔是一位医生兼化学家。于 1660 年 10 月 21 日生于德国的安斯巴赫，1734 年 5 月 4 日在柏林逝世。施塔尔于 1684 年获耶拿大学医学士学位，1687 年担任萨克斯—魏马公爵的医生，1694 年任哈雷大学医学和化学教授，1716 年任柏林普鲁士王的御医。

和贝歇尔的观点一样，施塔尔也认为在物质燃烧时有易燃元素逸出，但施塔尔把这种易燃元素叫做"燃素"，而不称"油状土"。他认为物质燃烧后，放出燃素，燃素随即在空气中消失，所以空气是带走燃素的必需媒介物，燃素是离不开空气的。

燃素学说认为，燃素充塞于天地之间。植物能从空气中吸收燃素，动物又从植物中获得燃素，所以动植物中都含有大量燃素。这一学说还认为，一切与燃烧有关的化学变化都可以归结为物体吸收燃素和释放燃素的过程。例如金属燃烧时，便有燃素逸出，金属就变成了金属灰，可见金属比金属灰含有更为复杂的成分。如果金属灰与燃素重新结合，就会再变成金属。

11

油、蜡、木炭、烟炱都是从植物中来的，植物具有从空气中吸收燃素的功能，因此木炭等都是富含燃素的物质。如果将木炭与金属灰放在一起加热，金属灰就可以吸收木炭放出的燃素，于是金属灰就重新变成金属。这样，燃素学说就可以解释许多冶金过程中的化学反应。硫磺燃烧时有火焰，说明燃素逸出，硫磺就变成硫酸。硫酸与富含燃素的松节油共煮，又会吸收燃素，重新变成硫磺。

燃素学说还认为，煤和木柴等物质在加热时并不能自动地释放出燃素，而必须由空气将燃素从这些物质中吸取出来，所以这些物质在燃烧时必须有空气存在。燃素还能由一种物体转移到另外一种物体，燃素学说利用这一性质解释了金属溶解于酸是由于酸夺取了金属中的燃素；金属置换反应是燃素从一种金属转移到另一种金属的结果。

尽管燃素学说是错误的，"燃素"也是不存在的，尽管施塔尔对氧化—还原反应（燃烧现象）作出的解释与现代的观点恰好完全相反，凡我们现在认为是与氧结合的反应（氧化反应），施塔尔都认为是燃素被分离出来的反应。但是，施塔尔的观点与现代化学理论却存在着一个共同点，即化学反应发生时都有某种东西从一种物质转移到另外一种物质。施塔尔认为是燃素从一种物质向另一种物质转移；而现代价键理论则认为氧化－还原反应中发生了电子的转移。燃素学说利用这种转移的概念解释了大量的化学现象和反应，把大量的化学事实统一在一个概念之下，这在一定程度上促进了化学的发展。

在燃素学说流行的长达 100 年间，化学家为了解释各种现象，积累了相当丰富的感性材料，这些都是化学史宝库中的珍贵资料，拉瓦锡和以后的化学家在一定程度上利用了燃素学说信奉者所做过的实验（包括普利斯特里和舍勒制取氧气的实验），推翻了燃素学说，建立了正确的燃烧理论。

毫无疑问，我们应该指出燃素学说的错误和"燃素"是不存在的，但是对于它起过的历史作用，也须加以适当肯定。

富人当中最有学问的人——亨利·卡文迪许

在 18 世纪期间，英国有一些化学家，如布拉克以及普利斯特里等人，都是出身于中产阶级的学者。这些人之中，只有一位是百万富翁，他一生从事于化学和物理学的研究，当然用不着另有正式职业。他发现了很多前人不知道的事物。他的名字是亨利·卡文迪许。亨利·卡文迪许生性怪癖，沉默寡言。曾经有科学史家说："他是有学问的人当中最富的，也是富人当中最有学问的。"

卡文迪许一生所过的生活十分朴素，因此他在银行里所存的钱数很多，另外还有房产和地产。他成为当时英国银行里最大的储户。卡文迪许诞生于 1731 年 10 月 10 日，当时，他的母亲正在法国休养，所以他是生在法国南部的。他是在牛顿病故后 4 年出生的，他读过牛顿的全部著作，一生最佩服牛顿的学识和为人。

卡文迪许公开发表的论文并不多。他没有写过一本书，在长长的 50 年之中，发表的论文也只有 18 篇。除了一篇在 1771 年发表的论文是理论性的以外，其余的论文内容都是实验性和观察性的。大部分

亨利·卡文迪许

是关于水槽化学方面的，先后发表在 1766～1788 年的英国皇家学会的期刊上。又有一部分是关于液态物质冰点的研究，发表于 1783～1788 年。还有一部分是有关地球平均密度的研究，发表于 1798 年。

在他逝世以后，人们发现他有大量文稿，一直未经公开发表。这部分未发表的论文相当多：电学部分由 19 世纪的大物理学家马克斯韦尔教授整理后在 1879 年出版；化学和力学部分是由索普于 1921 年主编出版的。亨利·卡文迪许的父亲本来就是一位当时有名的学者，所以，他从小就得到父亲鼓励，希望他在学术上能有所成就。他在 11 岁的时候，被送到当时著

英国剑桥大学

名的贵族中学去学习了 8 年之久。到 1749 年时，进了剑桥大学，一直到 1753 年 22 岁时，因为他不赞成剑桥大学的宗教考试，所以没有取得任何学位，就离开了大学。

在 18 世纪时，还没有公家办的实验室。卡文迪许在自己家里建起了一座规模相当大的实验室，他终身在自己家里做实验工作。他一生没有结婚，过着独身的生活。曾经有人说："没有一个活到八十岁的人，一生讲的话像卡文迪许那样少的了。"在一本《化学史》书上，曾举出卡文迪许最怕交际的一件事例。有一天，一位英国科学家偕同一位奥地利科学家到班克斯爵士的家里，适巧卡文迪许也在座。当时便介绍他们相识。在介绍时，班氏曾对这位远客盛赞卡文迪许，而这位初见面的客人更对卡文迪许说出备致景仰的话，并说这次来伦敦的最大收获，就是专程拜访这位名震一时的大科学家的。卡文迪许听到这话，起初大为忸怩，终于完全手足无措，便从人丛中冲出室外，坐上他自己的马车赶回家去了。从这段记载，可以看出卡文迪许性格的孤僻。

卡文迪许离开剑桥大学后，就跟着父亲旁听英国皇家学会的会议，每星期四中午，参加学会的聚餐会。到了 1760 年，他被选为皇家学会会员。一直到目前为止，在英国，凡是有 FRS（皇家学会会员）头衔的人，都是受到人们尊敬的。在度过了近 80 年的孤独生活之后，亨利·卡迪文迪许在 1810 年 2 月 24 日谢世。当他感觉到自己病很重快要死时，就对照料他的男女仆人说："你们暂时离开我吧，过一个钟点再回来。"等到仆人再回来时，发现他已经停止了呼吸。他留下的遗产是很大的一笔数字，据当时估计在 1000 万英镑之上。他的侄子乔治·卡文迪许继承了遗产和爵位。

卡文迪许一生的研究工作是很广泛的。他的第一篇论文，详细叙述了"可燃空气"的特性，这就是现在所指的氢气。本来氢气在卡文迪许之前已经有一些人感觉到了，但是过去的人都没有能把氢气收集起来。第一次把"可燃空气"收集起来的是卡文迪许，并且做了仔细的研究。接下来他在1783年又研究了空气的成分，做了很多试验，发表论文的题目是《空气实验》。也就在这个时候，他发现了水是氢和氧两种元素组成的。因为如果把氢元素和氧元素放在一个玻璃球里，然后通上电，他发现了水是这两种元素的化合物。他就这样证明了水是氢和氧的化合物。从现在看来，这是一项很简单的实验，可是在1784年之前，人们都把水看成是元素。卡文迪许的这项实验的确是很不简单的。当时法国的拉瓦锡已经说明了燃烧是氧化的结果。卡文迪许在他的论文里，一方面承认拉瓦锡有一定的道理，可是他仍然坚持错误的"燃素说"。

卡文迪许对于电学也做了大量的工作，19世纪中期由马克斯韦尔整理后正式出版了名为《亨利·卡文迪许勋爵的电学研究》一书，这才使人们知道，卡文迪许在库伦和欧姆之前，已经发现了关于电的诸多特性了。卡文迪许最后的一项研究，是关于地球平均密度的问题。他提出的数字是5.448克/立方厘米，现在大家知道就是5.48克/立方厘米。这说明了当时他的实验是相当准确的。

他还有一项工作，是过了100年以后才得到承认的，那就是关于惰性元素的存在问题。

在1785年，卡文迪许就曾预言大气中有一种不知名的气体存在。他把电火花通过氧与寻常空气的混合体，结果，发现一部分"浊气"（即氮）未能氧化而被吸收。当时他说，这个残余部分"当然不超过管中'浊气'全量的1/120；因此在大气中倘有一部分'浊气'和其余部分相异，不能还原成亚硝酸，那么，我们可以稳妥地得出结论，就是它的体积绝不会超过全量的1/120"。这个重要的试验，化学家早已忘怀了。一直到1894年，拉姆塞和雷利发现氩等零族元素之后，卡文迪许100年前的实验才得到证实。

伟大的化学家舍勒

卡尔·威尔海姆·舍勒，1742年12月19日生于瑞典的斯特拉尔松，

是瑞典著名化学家、氧气的最先发现人，同时对氯化氢、一氧化碳、二氧化碳、二氧化氮等气体都有深入的研究。

由于经济上的困难，舍勒只勉强上完小学，年仅 14 岁就到哥德堡的班特利药店当了小学徒。药店的老药剂师马丁·鲍西，是一位好学的长者，他整天手不释卷，孜孜以求，学识渊博，同时，又有很高超的实验技巧。马丁·鲍西不仅制药，而且还是哥德堡的名医，在哥德堡的市民看来，他简直就像古希腊的盖伦一样，他的高超医术，在

舍　勒

广大市民中，像神话一样地流传着。

名师出高徒，马丁·鲍西的言传身教，对舍勒产生了极为深刻的影响。舍勒在工作之余也勤奋自学，他如饥似渴地读了当时流行的制药化学著作，还学习了炼金术和燃素理论的有关著作。他自己动手，制造了许多实验仪器，晚上在自己的房间里做各种各样的实验。他曾因一次小型的实验爆炸引起药店同事的许多非议，但由于受到马丁·鲍西的支持和保护，没有被赶出药店。舍勒在药店里边工作，边学习，边实验，经过近 8 年的努力，他的知识和才干大有长进，从一个只有小学文化的学徒，成长为一位知识渊博、技术熟练的药剂师。同时，他也有了自己一笔小小的"财产"——近 40 卷化学藏书，一套精巧的自制化学实验仪器。正当他准备大展宏图的时候，生活中出现了一个不幸，马丁·鲍西的药店破产了。药店负债累累，无力偿还债款，只好拍卖包括房产在内的全部财产。这样，舍勒失去了生活的依托，失业了。他只好孤身一人，在瑞典各大城市游荡。

后来，舍勒在马尔摩城的柯杰斯垂姆药店找到了一份工作，药店的老板有点像马丁·鲍西，很理解舍勒，支持他搞实验研究。老板给了舍勒一

套房子，以便他居住和安置藏书及实验仪器。从此，舍勒结束了游荡生活，再不用为糊口奔波。环境安定了，他又重操旧业，开始了他的研究和实验。

读书对舍勒启发很大。他曾回忆说，他从前人的著作中学会很多新奇的思想和实验技术，尤其是孔克尔的《化学实验大全》给他的启示最大。

实验使舍勒探索到许多化学的奥秘。据考证，舍勒的实验记录有数百万字，而且在实验中，他创造了许多仪器和方法，甚至还验证过许多炼金术的实验，并就此提出自己的看法。

舍勒后来工作的马尔摩城柯杰斯垂姆药店，靠近瑞典著名的鲁恩德大学，这给他的学术活动提供了方便。马尔摩城学术气氛很浓，而且离丹麦的名城哥本哈根也不远，这不仅方便了舍勒的学术交流，同时也使他得以及时掌握化学进展情况，买到最新出版的化学文献，这对他自学化学知识有很大的帮助。从学术角度考虑，舍勒认为真正的财富并不是金钱，而是知识和书籍。因此，他特别注意收藏图书，每月的收入除了吃穿用，剩下的几乎全部用来买书。舍勒勤学好问，潜心于事业，为人正派，救困扶贫。因此，他的人品受到学术界的极高评价。舍勒研究化学专心致志，他对一切问题都愿意用化学观点来解释。舍勒的好友莱茨柯斯在回忆他与舍勒的交往以及舍勒的气质时说，舍勒的天才完全用于实验科学，他有惊人的记忆力和理解力，但似乎他只记住与化学有关的事情，他把许多事情都与化学联系起来加以说明，他有化学家的独特的思考方式。

在科平城，舍勒经营的药店名气很大，收入可观。舍勒也十分喜欢这种把科学研究、生产商业活动有机地结合在一起的工作。虽然有几所大学慕名请舍勒任教授，但都被他谢绝了，因为他的药房确实是一个很好的研究场所，舍勒不愿意离开。舍勒一生对化学贡献极多，其中最重要的是发现了氧，并对氧气的性质做了很深入的研究。

他发现氧的时间始于 1767 年对亚硝酸钾的研究。起初，他通过加热硝石得到一种他称之为"硝石的挥发物"的物质，但对这种物质的性质和成分，当时尚不能解释。舍勒为深入研究这种现象废寝忘食，他曾对他的朋友说："为了解释这种新的现象，我忘却了周围的一切，因为假使能达到最后的目的，那么这种考察是何等的愉快啊！而这种愉快是从内心中涌现出来的。"舍勒曾反复多次做了加热硝石的实验，他发现，把硝石放在坩埚中加热到红热时，会放出气体，而加热时放出的干热气体，遇到烟灰的粉末就会燃烧，放出耀眼的光芒。这种现象引起舍勒的极大兴趣，"我意识到必须对火进行研究，但是我注意到，假如不能把空气弄明白，那么对火的现象则不能形成正确的看法。"舍勒的这种观点已经接近"空气助燃"的观点，但遗憾的是他没有沿着这个思路深入研究下去。

氧气的发现，在化学史上有着十分重要的意义。这不仅因为氧是地球上含量最多、分布最广、对人类生活关系非常密切的元素，而且还在于氧的发现使化学理论发生了一次革命，从而建立了燃烧的氧化学说，对燃烧现象作出科学的解释，宣告了统治化学达百年之久的燃素说的破产。

近代化学奠基人拉瓦锡

拉瓦锡，法国化学家。1743年8月26日生于巴黎，1794年5月8日卒于巴黎。1763年获法学学士学位，并取得律师开业证书，后转向研究自然科学。21岁时从事地质学研究，后又转为学习化学。他最早的化学论文是对石膏的研究，发表在1768年《巴黎科学院院报》上。他指出，石膏是硫酸和石灰形成的化合物，加热时会放出水蒸气。1765年他当选为巴黎科学院候补院士。1768年被任命为征税官。同年，他研究成功浮沉计，可用来分析矿泉水。1772年，拉瓦锡任皇家科学院副教授，1778年晋升为正教授。1775年任皇家火药局局长。火药局里有一座相当好的实验室，拉瓦锡的大量研究工作都是在这个实验室里完成的。拉瓦锡是近代化学奠基人之一。

拉瓦锡

16 世纪中叶，瑞士医药化学家巴拉塞尔斯（1493～1541）发现了金属跟酸起反应会产生一种可燃的气体。但由于当时科学技术水平的限制，只是把它当做一种具有可燃性的空气。在一个相当长的时期里，人们对这种气体没有进一步的认识。

直到 1766 年，英国科学家卡文迪许（1731～1810）才确认这种可燃气体跟空气不同。他还曾经用 6 种相似的反应制出这种可燃气体。这些反应包锌、铁、锡分别跟稀硫酸和盐酸的反应。卡文迪许发现这种可燃气体和空气混和后，点燃会爆炸，其中以 3∶7 体积比的混和物爆炸最猛烈（他没有试验 2∶5 的比例）。后来他进一步指出，这种可燃气体在空气里燃烧后生成水。

1783 年法国化学家拉瓦锡重做这个实验，证明水是这种气体燃烧以后唯一的产物。因此，他认为它是一种元素，并给它定名为"氢"。氢的原文是"水素"的意思。"氢气"是由"轻气"演变来的，意思是这种气体的密度最小。

此外拉瓦锡的最主要贡献还在于：1787 年，他在和贝托雷合著的《化学命名法》中，提出了化合物的命名原则，改善了化学命名中混乱不堪的状况。1783 年，他把燃烧的氧化理论用于有机化合物分析，发现有机物燃烧都有二氧化碳和水产生。另通过研究还证明，动物呼吸的过程是吸入氧气，放出二氧化碳。他还创办过《化学年鉴》杂志，刊登了许多重要的文献。拉瓦锡为后人留下《化学概要》这一杰作，这篇论文标志着现代化学的诞生。在这篇论文中，拉瓦锡除了正确地描述燃烧和吸收这两种现象之外，在历史上还第一次开列出化学元素的准确名称。名称的确立建立在物质是由化学元素组成的这个基础之上。而在此之前，这些元素有着不同的称谓。在书中，拉瓦锡将化学方面所有处于混乱状态的发明创造整理得有条有理。

近代化学之父道尔顿

道尔顿 1766 年 9 月 6 日出生于英国昆布兰地区的鹰场村。家里生活贫苦，他的父母每天都从清晨忙到夜晚，尽管如此他们仍然摆脱不了贫困，养活不了道尔顿他们兄弟姐妹 6 人。在道尔顿 15 岁那年，他的妹妹和弟弟因冻饿和疾病死去了。道尔顿的父母非常想让道尔顿念点书，但因为太穷，交不起学费，甚至连买石板和书的钱都没有，只好让道尔顿到学校去旁听。

道尔顿

道尔顿当了旁听生后，学习非常努力，几年的时间就学完了几何、化学和航海学。同时，他还自学了气象学、矿物学等，成了同学当中的佼佼者。他毕业时年仅 15 岁，毕业后老师把他留下当了助手，让他给低年级学生讲课。1781年，道尔顿离开家乡，到教友学校当了数学教师，学校图书馆内的丰富藏书扩大了他的知识面。他除了博览群书外，还进行气象观测，安装了气压计、雨量计和各种自制的仪器。由于道尔顿知识广博，教学有方，所以深得同事们的称赞和尊敬，不久便担任了该校校长。同时，他还和科技杂志社的编辑进行广泛的学术交流，积极参与各种学术活动。1794 年，他发表了《关于各种颜色显现程度的反常事例》，提到了人类色盲的情况，所以色盲症是道尔顿首先发现并研究的。道尔顿还发现，他自己也有这种视力上的缺欠，所以有人把色盲症也叫道尔顿病。在研究气体性质的过程中，道尔顿总结出了气体分压定律。

道尔顿把化学的质量守恒定律、当量定律、定组成定律、倍比定律和他发现的气体分压定律联系起来思考。他想自然界为什么会有如此神奇的数量关系呢？是原子吗？原子在自然界中存在吗？如果确实存在，那就应根据原子理论来解释物质的一切性质和各种变化规律。在化学上，化学原子理论应当是物质结构的真正理论。道尔顿为解开这个谜，全面地研究了在他之前有关原子的一切材料，经过顽强的努力，最后他得到这样的结论："同一种元素的原子（极小的、化学变化中不可再分的微粒）彼此之间是相同的，但不同元素的原子则不同。原子是有重量的，原子不可再分，也无法称量，但我们可以求得它们的相对重量。即把最轻的原子——氢的原子量规定为1，就可以求得其他元素的相对原子量。"道尔顿还公布了他的（也是世界上的）第一张原子量表。由于道尔顿的原子论成功地解释了质量守恒定律、当量定律、定组成定律、倍比定律和气体分压定律，全面深刻地说明各种化学现象，因此很快得到了科学界的确认。

但道尔顿的原子论也有一些不足，例如他认为原子是不可分的，但又说有复杂原子，并说复杂原子可以分为简单原子，可又不承认分子。这说明他没有把原子和分子区别出来。尽管如此，道尔顿能在当时科技还很落后的情况下提出科学的原子论，的确是件很了不起的事，因而道尔顿获得了

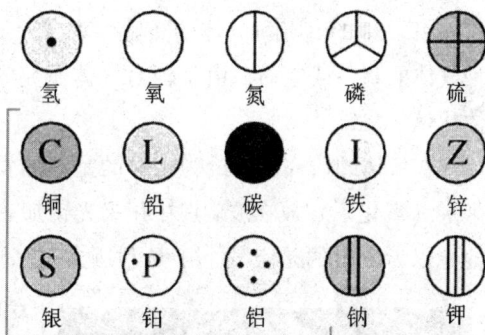

道尔顿的原子图

很多荣誉。英国政府也始终关心着这位科学家，曼彻斯特人民为了纪念他，在市政府大厅里竖立了他的半身雕像。人类也将永远记住他的伟大名字。

气体化学之父普利斯特里

普利斯特里1733年3月13日出生在英国利兹，从小家境困难，由亲戚抚养成人。1751年进入神学院。毕业后大部分时间是做牧师，化学是他的业余爱好。他在化学、电学、自然哲学、神学等方面都有很多著作。他写了许多自以为得意的神学著作，然而使他名垂千古的却是他的科学著作。1764年他31岁时写成《电学史》。当时这是一部很有名的书，由于这部书的出版，1766年他就当选为英国皇家学会会员。

1722 年他 39 岁时，又写成了一部《光学史》，也是 18 世纪后期的一本名著。当时，他在利兹一方面担任牧师，一方面开始从事化学的研究工作。他对气体的研究是颇有成效的。他利用制得的氢气研究该气体对各种金属氧化物的作用。同年，普利斯特里还将木炭置于密闭的容器中燃烧，发现能使 1/5 的空气变成碳酸气，用石灰水吸收后，剩下的气体不助燃也不助呼吸。由于他虔信燃素说，因此把这种剩下来的气体叫"被燃素饱和了的空气"。显然他用木炭燃烧和碱液吸收的方法除去空气中的氧和碳酸气，制得了氮气。此外，他发现了氧化氮（NO），并用于空气的分析上。还发现或研究了氯化氢、氨气、亚硫酸气体（二氧化碳）、氧化二氮、氧气等气体。1766 年，他的《几种气体的实验和观察》三卷本书出版。该书详细叙述各种气体的制备或性质。由于他对气体研究的卓著成就，所以他被称为"气体化学之父"。

在气体的研究中，最为重要的是氧的发现。1774 年，普利斯特里把汞烟灰（氧化汞）放在玻璃皿中用聚光镜加热，发现它很快就分解出气体来。他原以为放出的是空气，于是利用集气法收集产生的气体，并进行研究，发现该气体使蜡烛燃烧更旺，呼吸它感到十分轻松舒畅。他制得了氧气，还用实验证明了氧气有助燃和助呼吸的性质。但由于他是个顽固的燃素说信徒，仍认为空气是单一的气体，所以他还把这种气体叫"脱燃素空气"，其性质与前面发现的"被燃素饱和的空气"（氮气）差别只在于燃素的含量不同，因而助燃能力不同。同年他到欧洲参观旅行，在巴黎与拉瓦锡交换好多化学方面的看法，并把用聚光镜使汞银灰分解的试验告诉拉瓦锡，使拉瓦锡得益匪浅。拉瓦锡正是重复了

普利斯特

普利斯特里有关氧的试验，并与大量精确的实验材料联系起来，进行科学的分析判断，揭示了燃烧和空气的真实联系。

可是直到 1783 年，拉瓦锡的燃烧与氧化学说已普遍被人们认为是正确的时候，普利斯特里仍不接受拉瓦锡的解释，还坚持错误的燃素说，并且写了许多文章反对拉瓦锡的见解。

1791 年，他由于同情法国大革命，作了好几次为大革命的宣传讲演，而受到一些人的迫害，家被抄，图书及实验设备都被付之一炬。他只身逃出，躲避在伦敦，但伦敦也难于久居。1794 年他 61 岁时不得不移居美国，在美国继续从事科学研究。1804 年病故。英、美两国人民都十分尊敬他，在英国有他的全身塑像。在美国，他住过的房子已建成纪念馆，以他的名字命名的普利斯特里奖章已成为美国化学界的最高荣誉。

稀土元素的第一位发现人——加多林

英国化学家威廉·克鲁克斯曾经在 19 世纪后期说过："这些稀土元素使我们的研究发生困难，使我们的推理遭受挫折，在我们的梦中萦迴。它们像一片未知的海洋，伸展在我们面前，嘲弄着、迷惑着、诉说着奇异的发现和希望。"他说的这段话，距现在大约 100 年了，今天人们对稀土元素的认识，已经有了很大的发展。

100 多年以来，经过很多化学家的努力，做了许多工作，也走过好些弯路，先后命名过的"稀土元素"的名称将近 100 种。有时，人们认为得到了一种稀土元素，可是，后来又证明了它只不过是一种混合物。现在，人们已经知道得很清楚了，稀土一共有 17 种元素，它包括原子序数为 21 的钪和原子序数为 39 的钇，以及原子序数从 57 到 71 的镧系 15 种元素。最后发现的稀土元素是 61 号元素钷，于 1947 年用离子交换法从铀裂变产物中分离得到。

第一位发现稀土元素的科学家是芬兰人约翰·加多林，他于 1760 年 6 月 5 日出生在赫尔辛基附近的一个叫埃波的城市，当时是芬兰的首都。加多林的父亲既是天文学家，又是物理学家。加多林在幼年时就受到父亲严格的教育，受父亲影响，他从小就喜爱自然。他在芬兰读完大学之后，就到瑞典的乌普萨拉大学继续学习了 4 年，主要是在贝格曼指导下学习。接着又到丹麦、德国、荷兰和英国进行化学和矿物学研究。加多林在瑞典期间，曾经和著名的化学家舍勒合作，做过一些研究。不幸，舍勒在 1786 年病故，否则他们两人将更能推动北欧化学的发展。

加多林回国以后，因为芬兰大学化学系已经有了一位正教授，所以他担任了几年的编外教授。在 1794 年，当他 34 岁时，从一位研究矿物学的人那里，得到了一块奇特的黑颜色的石头，这块石头是在意托比这个地方发现的。加多林对这块石头作了仔细的分析，证实了在这种矿石里面的确含有一种新元素，它被命名为 yttrium（中译名钇）。后人为了纪念加多林的功绩，把这种矿石命名为加多林矿。尽管当时加多林得到的钇还不纯，可是这位芬兰化学家兼矿物学家至今仍被认为是首先发现稀土元素的学者。

加多林在芬兰大学担任了 25 年化学教授。他分析了很多种矿石，并研究了铁矿的分析方法。在北欧，他是最早反对错误的燃素学说的科学家，他还把拉瓦锡的法文著作翻译成瑞典文，这可以说是瑞典文最早的教科书，对北欧化学界能相当早地摆脱燃素学说起了一定的作用。加多林在 1822 年 62 岁时退休，后来还精力充沛地活了 30 年之久。他于 1852 年 8 月 15 日在芬兰的维尔姆城去世，终年 92 岁。1827 年，埃波城和芬兰大学的建筑物全部被大火焚毁，加多林搜集的好多珍贵矿物标本也全部散失了。

1880 年瑞士化学家马克纳克发现了一种新的稀土元素，被命名为 gado-linium（中译名钆），就是纪念加多林的。芬兰化学会在 1935 年设立了加多林基金，从 1937 年开始，每年奖给芬兰的青年化学家一笔奖金，同时加上一枚奖章。奖章的正面是加多林的像，反面的图案是 5 位化学家在做实验。这说明芬兰化学界至今还是很怀念和尊敬加多林的。

最先制得氟的化学家

汉弗莱·戴维和约翰·道尔顿是同时代的化学家。比约翰·道尔顿小 12 岁的汉弗莱·戴维热情奔放，擅长演说，实验技术高明，年轻时就做出了不少惊世之举而成为举世瞩目的化学家。他以实际行动在资本主义发展时期显示了科学的意义，为提高科学的社会地位做出了突出的成绩。

早在 15 世纪，人们在冶炼金属的时候就已经发现，把某种矿物加入熔炉中可以加快熔炼的过程，并使熔渣与生成的金属分离得更加完全。当时便称这种矿物为"助熔的晶石"。这种矿物，在我国被称为"萤石"（主要成分为氟化钙）。

1670 年，当法同斯万瓦尔德用萤石和硫酸作用制得

萤 石

一种能腐蚀玻璃的气体后，很多人就猜想到这是氢和一种未知元素结合而成的化合物。但是将这一化合物分解为元素的一切努力都没有成功。

1813 年，英国年轻的化学家戴维把这元素定名为氟，首先企图在银、金、铂的容器中电解氢氟酸的溶液来分离氟，但是在电极上只得到氢和氧。在实验的时候，各种容器都受到不同程度的腐蚀，而他自己的健康也受到了影响。当时他认为用萤石容器来电解可以防止腐蚀，于是爱尔兰化学家诺克斯兄弟制成了一种萤石容器，用氟的汞、铝化合物进行实验，结果也失败了，因氢氟酸中毒，托马斯·诺克斯几乎丧命，乔治·诺克斯在那不勒斯休养 3 年后才恢复健康。后来鲁耶·尼克雷又进行了这项工作，但也成了科学的殉难者。法国科学家盖·吕萨克和泰纳尔在研究过程中都曾遭受到氟化氢的严重伤害。

此后，瑞典化学家付累密又企图用电解无水萤石的方法来获得氟，结果在阴极上得到了钙，而在阳极上析出一种气体。付累密虽然用尽方法，仍不能收集并证明这种气体。1869 年，英国化学家哥尔又用电解无水氟化银的方法得到少量气体，但它又随即和氢化合而引起了爆炸。他再用其他方法，仍未成功。直到 1886 年，氟才终于被药房学徒出身的法国化学家莫瓦桑制出来了。

从发现到制得氟单质，相隔了216年时间，这是元素发现史上相隔时间最长的元素。这200多年确实是一个艰苦的历程，但在数代科学家的努力下，终于制得了无坚不摧的气体——氟。

最先发现氮的化学家

氮这种元素，最早出现在苏格兰医生、植物学家兼化学家丹尼尔·卢瑟福的论文《固定空气或浊气导论》里。

先是卢瑟福的老师，将含碳物质在一定量的空气里燃烧，生成了二氧化碳（当时称"固定空气"）。他用苛性钾溶液吸收了二氧化碳以后，发现仍有一定数量的气体存在。这时卜拉克就请卢瑟福继续研究这种气体的性质。

卢瑟福把老鼠放进一只器皿里，密封器口，等到老鼠闷死以后，发现器内空气容积较前减少了1/10；将剩余气体再用碱液吸收，又减少1/10容积。卢瑟福在老鼠不能生存的空气里点其蜡烛，仍可见到烛光隐显。这时，他以为不容易从空气中将氧气（当时称"脱燃素的空气"）完全除净。

后来，卢瑟福用磷在闭口的器皿中燃烧，终于将空气里的氧气除尽了。结果剩下的气体，完全不能维持动物的生命，也不能帮助燃烧，但与固定空气不同，它不能使石灰水产生沉淀。他把这气体定名为"浊气"。这就是现在所说的氮。

在此同时，瑞典化学家舍勒和英国化学家卡文迪许也都独立地发现了氮。舍勒应用硫磺和铁粉的混和物，吸收空气中的氧气，从而得到了氮气。

卡文迪许把空气通过红热的木炭，然后用苛性钾吸收其中的二氧化碳，剩下了氮气。经仔细研究以后，他指出氮气的密度比空气的密度略小，但两者相差极少；它与二氧化碳一样，能使火焰熄灭，不过它的灭火程度没有二氧化碳显著而已。

以上几位化学家差不多同时独立地发现了氮气，但人们一般仍把卢瑟福称为氮的最早发现者。

最先发现溴的化学家

巴拉尔，法国化学家。1802 年 9 月 30 日生于埃罗的蒙彼利埃；1876 年 3 月 30 日卒于巴黎。巴拉尔生于穷苦人家，他的教母关心他的教育，使他成为一名药剂师。他来到巴黎，在制药学校研习，在那里当泰纳尔的助手，他毕业于 1826 年。

1826 年，刚从大学毕业的青年巴拉尔（1802 ~ 1876），在很起劲地研究海藻。当时人们已经知道海藻中含有很多碘，巴拉尔研究怎样从海藻中提取碘。他把海藻烧成灰，用热水浸取，再往里通进氯气，这时就得

碘晶体

到紫黑色的固体——碘的晶体。然而，奇怪的是，在提取后的母液底部，总沉着一层深褐色的液体，这液体具有刺鼻的臭味。这件事引起了巴拉尔的注意，他立即着手详细地进行研究，发现它在 47℃时沸腾，密度为 3 克/立方厘米，能和许多金属化合……

最后终于证明，这褐色的液体，是一种人们还未发现的新元素。巴拉尔把它命名为"溢"（按照希腊文的原意，就是"盐水"的意思）。巴拉尔把自己的发现通知了巴黎科学院。科学院委员会不赞成这个新名，于是改称为"溴"，溴的原文就是"恶臭"的意思。

巴拉尔关于发现溴的论文《海藻中的新元素》发表后，德国著名化学家李比希非常仔细、几乎是逐字逐句地读完了它。他深感后悔，因为前几年，某一德国厂商拿来一瓶东西（溴）请李比希代为检验，他在匆忙中不曾作详细的研究，便贸然断定瓶中物质为氯化碘。因此，他只是往瓶子上贴了一张"氯化碘"的标签就完了，没有发现这元素。等他得知溴的发现消息，顿时认识到自己的错误，为警诫自己，特地把那个贴有"氯化碘"

标签纸的瓶子放在一只他自己称为"错误之柜"的箱中,并常把它拿给朋友看,希望朋友们也能从中吸取教训。从这件事情以后,李比希在科学研究工作中,变得踏实得多了,在化学上做出了许多贡献。在自传中,他谈到这件事时,这样写道:"从那以后,除非有非常可靠的实验作根据,我再也不凭空地自造理论了。"

最先发现铯和铷的化学家

1811 年 3 月 31 日,罗伯特·威廉·本生出生在德国的哥廷根。他家是书香门第,父亲查里斯恩·本生是哥廷根大学图书馆馆长、语言学教授,母亲也有很好的文化素养,是一位学识渊博的高级职员的女儿。本生有兄弟 4 人,他排行第四。本生从小受到良好的教育,小学和中学都是在哥廷根读的,成绩优异,后来转到霍茨明登读大学预科,1828 年预科毕业后回哥廷根上大学。他在大学学习了化学、物理学、矿物学和数学等课程。他的化学教师是著名化学家斯特罗迈尔,是化学元素镉的发现人。1830 年,本生以一篇物理学方面的论文获得了博士学位。

化学家本生

19 世纪初,化学家运用电解新技术发现了一系列过去没法还原的活泼金属——钠、钾、镁、钙、锶、钡。并用钠、钾等活泼金属去还原非金属化合物,发现了新的非金属——硼和硅。到了 19 世纪中叶,虽然化学分析这门科学年年都有进步,使用的天平越来越精密,但在漫长一段时间里,并没有发现新元素。同前一阶段借助于电解法一样,还是在物理学的研究成果的配合和帮助下,才又发现了一些新元素，不过这次帮忙的不是电，而是光。

这时，化学家本生和物理学家基尔霍夫，把学识、技能结合在一起，得出了十分惊人的发现。1860年，本生和基尔霍夫发明了分光器。这是一种具有平行光管或金属管的光学仪器，管的一端装透镜，另一端留一细缝，其位置正好在透镜的焦点上，用来接收由白热的检验物上所射来的光线。管子架在一个能旋转的台座上。台座中央装有三棱镜，接受透镜射来的平行光线，往一旁折射，形成光谱（三棱

三棱镜

镜被盒子罩着）。最后连接一架望远镜，用来观察棱镜所形成的光谱。

实验开始了，他们用窗帘遮好窗户，在平行光管的细缝前面，放盏点着的本生灯。基尔霍夫在望远镜中只能看到一点极微弱的光。当本生用一根白金丝沾了一小粒纯食盐，送进灯焰里，灯焰立刻变成了明亮的黄色。基尔霍夫见了就把眼睛凑到望远镜上。

"我看见 2 条黄线并排在一起，此外什么也没有了。背景是黑色的。黑色背景上有 2 条黄黄的空隙。"他说。

本生依次向火焰里送进了碳酸钠、硫酸钠、硝酸钠和许多种别的钠盐，它们所生的光谱，全都是黑色背景上出现 2 条明亮的黄线，这 2 条黄线永远出现在同一位置上。当把钾盐送进火焰时，灯焰被染成了鲜嫩的淡紫色。基尔霍夫在望远镜中看到黑暗的背景上，有 1 条紫线和 1 条红线，两条谱线当中的光谱差不多是连成一片的，上面一条明亮线条也没有。所有的锂盐都产生 1 条明亮的红线和 1 条较暗的橙线。所有锶盐的光谱上，都有 1 条明亮的蓝线和几条暗红线。

总之，每一种元素都有它特有的谱线。这是由于每一种元素的白热蒸气都能产生一定不变的几种颜色光线，而三棱镜就把这些光线分别折射到

它们各自的一定位置上。

当本生用白金丝沾了几粒混和物（钠、钾、锂、锶盐）送进火焰，火焰染上了明亮的黄色（这是钠的颜色盖过了所有别的物质的颜色）。可是在分光镜里，所有的明亮谱线，条条都在自己的位置上独立地放光，没有一种颜色能把别的颜色掩盖掉。本生和基尔霍夫已经创造了一种对物质进行化学研究的新方法——光谱分析术。

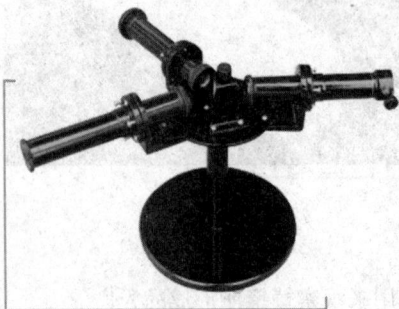

分光镜

分光镜这种仪器，灵敏度极高。对于钠，只要重量在 1 毫克的三百万分之一左右，就足够叫灯焰向分光镜里送黄光了。1 毫克的三百万分之一，你想得出是多少吗？假如一杯蒸馏水里溶解了 1 克那么重的一小撮食盐，你把这杯溶液倒进一只容量约为 5 升的小桶里，加满清水，使它稀释。再从这个桶里舀出一杯，倒进一只容量约为 50 升的大桶里，加满清水，再使它稀释。搅匀以后，从这里取出一小滴来。这一小滴所含的钠盐，就大约是 1 毫克的三百万分之一。

他们俩利用分光镜找起新元素来。1860 年的一天，本生研究杜尔汉矿泉水的时候，发现了几条陌生的浅蓝色谱线。因为怕搞错，本生马上跑去翻阅自己和基尔霍夫所画的那本彩色的光谱图表。可是图表上没有这种记录，任何一种元素也没有这么 2 条蓝色潜线出现在这个位置上。这就是说，这里有了新元素。本生决定给这种新元素起名叫铯，铯的原文就是"天蓝"的意思。

本生通过一家制造苏打的化工厂，处理了 44000 升的矿泉水，但只提出了纯净的铯盐 7 克。在提取的过程中，还发现了另外一种元素叫做铷。铷的原文是"暗红"的意思，因为铷的谱线中有着几条暗红线。

人们在进一步研究光谱技术的过程中，又发现了铊、铟、氦等新元素。

最先发现铝的化学家

铝的发现和大量工业制造，距今才有 100 多年时间，它一向被称为"年轻的金属"。

法国化学家司太尔最先觉察到明矾里含有一种与普通金属迥然不同的物质，但未细加研究。由他的学生法国化学家马格拉夫继续研究，加以证实。

1825 年，丹麦物理化学家厄斯泰德把氯气通过烧红的木炭和铝土的混和物，得到了氯化铝的液体。然后与钾汞齐加强热，产生氯化钾和铝汞齐。最后隔绝空气，提出汞，得到光泽颜色与锡相似的金属。

厄斯泰德的实验结果，由于发表在一个不著名的丹麦刊物上，未被科学界人士注意。所以一般化学史常把德国孚勒称为最先分离铝的化学家。

1827 年，孚勒用热的碳酸钾溶液与沸腾的明矾溶液作用，得到氢氧化铝。经过洗涤干燥，混和以木炭粉、糖与油等，调成膏糊。然后置于坩埚中加强热，并通入干燥的氯气，得到三氯化铝。再将钾与无水氯化铝放在坩埚中共热，冷却后投入水中，金属铝的灰色粉末就被分离出来。孚勒说过他"分解铝所用的方法，是以用钾分解无水氯化铝以及铝在水中的稳定性为根据的"。因此孚勒是第一位说出铝的性质的人。到 1845 年，他终于能将铝粉熔成了块状的金属铝。

最先制造纯净铝的是法国化学家得维尔。1854 年，得维尔想用铝及三氯化铝试制低级的氯化铝，结果虽不成功，却得到了美丽而发金属光泽的铝球。于是他就马上研究铝在工业上有利的制造方法。

得维尔将矿石中提出的铝土，与木炭和盐混和加热，通以氯气，就得钠及铝的双氯化合物；再将此项盐类用过量的钠溶解，就得到成锭的金属铝。

得维尔虽然使铝变成工业产品，铝仍然被认为是一种稀罕的贵金属。因为用昂贵的钠来做还原剂，生产的铝价格比黄金还要贵几倍，所以曾被列为"稀有金属"之一。

1888 年，美国俄柏林学院学生豪尔发现了电解制铝法以后，制铝工业才迅速发展，并使铝的价格一落千丈，铝就成为用途很广的金属。

最先发现氦的化学家

氦是由法国天文学家詹孙首先发现的。1868 年，当他赴印度观察太阳的全食，应用光谱分析法研究太阳外围气层的光谱时，发现了一条新的黄色谱线。要想在实验室中查验，又苦于无法使之再现。后来经英国的天文学家洛克耶的研究，发现这条新的谱线并不属于任何已知的元素，于是将这种元素定名为氦。

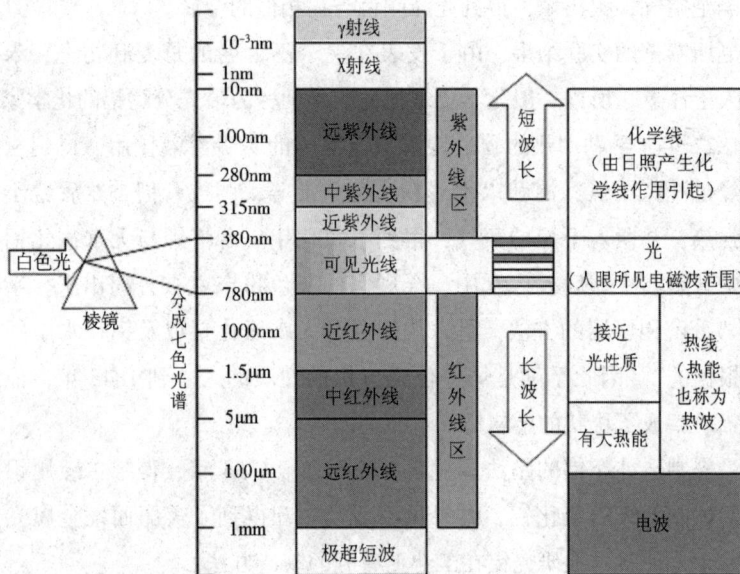

		白色光 → 棱镜 → 分成七色光谱	10^{-3}nm — γ射线	X射线	
	1nm				
	10nm				
	100nm	远紫外线	紫外线区	短波长	化学线（由日照产生化学线作用引起）
	280nm	中紫外线			
	315nm	近紫外线			
	380nm	可见光线			光（人眼所见电磁波范围）
	780nm				
	1000nm	近红外线	红外线区	长波长	接近光性质 / 热线（热能也称为热波）
	1.5μm	中红外线			
	5μm				有大热能
	100μm	远红外线			
	1mm	极超短波			电波

光谱图

氦的原义就是太阳的意思，因为当时人们认为氦是一个假设的元素，只有太阳里存在。地球上氦的被发现，物理学家、化学家，甚至地质学家都参加了它的"接生"工作，经过是非常的复杂与曲折。

先是英国物理学家雷利。为了要检验一种古老的科学假说，在称量氢、氧、氮等气体的重量的过程中，他只想尽量精确地知道每种气体 1 升有多重，此外什么也没想到。他发现从空气中得来的氮，每升重 1.2572 克；而从氨、笑气、一氧化氮等氮的化合物中得来的氮，虽然都是氮，每升却重 1.2560 克，总比前数轻 1/1000。接着，雷利和另一科学家拉姆塞重做了卡文迪许的实验，通过放电从空气中除去氧和氮，结果在残余的气体中，终于把较重的成分——氩找了出来。

拉姆塞开始研究氩的性质，查出它对一切都极"冷淡"，乃是一种非常"消极"的物质。他做这个研究时，心里也没有想到什么太阳物质。当地质学家麦尔斯告诉他去考查稀有的钇铀矿时，拉姆塞只希望能从这种矿物里，找到氩的第一种化合物，此外他还是什么也没想。

他从钇铀矿中提出了一种气体。这种气体，美国地质学家希勒布兰德在 5 年前用硫酸处理一种铀矿时曾经制得过，认为它是氮气。现在拉姆塞却查出它不是氮，也不是氩。至于它到底是什么，他也没有马上想出来。

当这种气体到了物理学家克鲁克斯手里，才首先认出这种气体正是 27 年前天文学家从太阳上查出的那种元素——氦。

后来，人们在大气中、水中，以至陨石和宇宙线中也发现了氦。

第一位合成有机物的科学家——维勒

人类认识和利用有机化合物的年代比较早，在古代已经会酿酒、制醋、染色、造纸、制糖等。但对有机化合物却长期缺乏认识。直到 19 世纪初，化学家还以为有机体（植物和动物）内的含碳的化合物乃是由奇妙的"生命力"所造成的，而人力是不能制造出有机化合物的。这种不正确的观念一直到 1828 年，才被德国化学家维勒所动摇，他用人工的方法从无机物氰酸铵制得了由人体内排泄出来的一种含碳、氮、氢、氧的有机化合物——尿素，这是历史上第一次在离开了"生命力"的条件下合成出来的有机化合物。

维勒对于"生命力论"这严重的一击，为使有机化学成为一门独立的分支学科奠定了基础，在科学史上具有很大的价值。

1800 年 7 月 31 日维勒出生于德国梅因河畔法兰克福城附近的埃希海姆

村。他的父亲平素喜欢研究大自然和做各种各样的实验，因此也希望自己的儿子具有同样爱好和才能。维勒在法兰克福大学预科学习时，成绩虽然平平，但是对收集矿物标本和做化学实验这两件事却很感兴趣。在他的房间里放着一些木箱，里面装满了各种岩石和矿物的标本，屋子里还有一堆做化学实验用的仪器药品，维勒则经常埋首在这些标本和仪器之中。

1819 年，当维勒 19 岁时，进入马尔堡大学攻读医学。由于想在著名无机化学家格曼林手下做研究工作，维勒在马尔堡大学学习 1 年以后，又转入海德尔堡大学学习，1823 年他以优异的成绩获该校医学博士学位。格曼林教授发现维勒在化学实验方面具有卓越的才能，因此，在维勒毕业之前劝他放弃医学而专门从事化学研究，并到贝采里乌斯那里去留学。

维勒专门写信给瑞典化学大师贝采里乌斯，请求能够在他的实验室内工作。在得到了贝采里乌斯的允许之后，维勒来到斯德哥尔摩，贝采里乌斯指定他做沸石的定量分析，这是一件难度很大的分析工作。这位导师亲自手把手地指导他的学生做实验，每当维勒操作得过快时，贝采里乌斯就对他说："快是快，但工作可不大好！"俗话说，严师出高徒，维勒虽然只在斯德哥尔摩做了 1 年的研究工作，但是老师的教导却对他的终身事业发生了很大的影响。

1825 年，维勒回到了德国，在柏林工业学院讲授化学。过了 2 年，他就做出了一个重要的贡献，制出了金属铝。在维勒之前，丹麦化学家和矿物学家厄斯泰德将氯气通过红热的木炭和铝土（氧化铝）的混合物，制得了氯化铝，然后让钾汞齐与氯化铝作用，就得到了铝汞齐。将铝汞齐中的汞在隔绝空气的情况下蒸掉，就得到了一种金属。现在看来，厄斯泰德所得到的金属只不过是一种不纯的金属铝。

厄斯泰德是维勒的朋友，他把制备金属铝的实验过程和结果告诉了后者。于是，维勒开始重复厄斯泰德的实验，发现钾汞齐与氯化铝发生反应以后，能形成一种灰色的熔渣，当将熔渣中所含的汞蒸去掉后，得到了一种与铁的颜色一样的金属块。把这种金属块加热时，它还能产生钾燃烧时生成的烟雾。维勒写信给他的老师贝采里乌斯，告知已重复了厄斯泰德的实验，但制不出金属铝，并提出这不是一种制备金属铝的好方法。

维勒只好从头做起，设计自己的方法，他将热的碳酸钾溶液与沸腾的明矾溶液作用，将所得到的氢氧化铝经过洗涤和干燥以后，与木炭粉、糖、油等混合，并调成糊状，然后放在密闭的坩埚中加热，得到了氧化铝和木炭的烧结物。将这种烧结物加热到红热的程度，通入干燥的氯气，就得到了无水氯化铝。维勒将少量金属钾放在铂坩埚中，然后在它的上面覆盖一层过量的无水氯化铝，并用坩埚盖将反应物盖住。当坩埚加热以后，很快就达到了白热的程度，他认为反应已经完成，等坩埚冷却之后，他把坩埚投入水中，发现坩埚中的混合物并不与水发生反应，水溶液也不显碱性，可见坩埚中的反应物之一——金属钾已经完全作用完了。剩下的混合物乃是一种灰色粉末，它就是金属铝。维勒所制得的金属铝虽然很少，但是却是一个重大的创造。此外，他还用相同的方法制得了金属铍。

由于维勒可以称为最初分离出金属铝的化学家，所以在美国威斯汀豪斯实验室工作的埃尔赛曾经铸了一个铝制的维勒挂像。事隔1年之后，维勒又于1828年做出了他生平最大的贡献，他用氰酸铵合成了尿素，第一次冲击了当时在有机化学界流行很广的"生命力论"。维勒的研究动摇了"生命力论"的理论基础，被认为是有机化学发展的里程碑之一。

18世纪末到19世纪初，在有机化学和生物学领域内流传着一种"生命力论"，这种理论认为，动植物有机体内存在着一种生命力，只有依靠这种生命力，有机化学家才能制造出有机化合物，即有机物质只能在动植物的有机体内产生。在化学实验室里，化学家只能合成无机化合物，但绝不能合成出有机化合物，特别是不能从无机物质合成有机物质，"生命力论"的拥护者认为这是一条不可逾越的界线。

维勒的二位老师格曼林和贝采里乌斯也都是生命力论的信奉者，他们都认为能够人工制备的只有无机物而不包括有机物，尽管一种有机化合物可以转变为另外一种有机化合物，但是没有一种有机化合物能够以人工的方法用组成它的元素制得。例如，糖是广泛存在于植物界的一种有机化合物，有机化学家可以通过发酵的方法把糖转变成乙醇，乙醇又能转变成醋酸和其他有机化合物，但是，它们之中的任何一个都不能用人工合成的方法从组成它们的元素制备出来。

只有维勒利用自己的实验结果，以无可辩驳的事实证明了有机化合物尿素可以从无机化合物氰酸铵制得，而"生命力论"的拥护者从来就认为尿素纯粹是动物的产物，是在"生命力"控制下产生出来的。维勒的研究成果恰恰打中了"生命力论"的要害。

1828年维勒总结了各种人工合成尿素的方法，发表了论文《论尿素的人工合成》，文章介绍了合成方法：①利用氯化铵溶液处理氰酸银并进行加热，可以得到一种白色的结晶物质，维勒以为这种结晶是氰酸铵，但是它又不显示氰酸铵所具有的性质；②用氨水处理氰酸铅，在分离掉氢氧化铅沉淀以后，也能获得一种白色结晶物质，其性质与用第一种方法制得的结晶相同。

这种白色结晶物质到底是什么呢？经过仔细的研究，维勒发现这种结晶具有有机化合物的性质。一开始，他认为这是一种生物碱，但是它又没有生物碱的典型反应，而是与普罗斯和普劳特所描述的尿素的性质一样。于是，维勒将自己合成的白色结晶物质与从尿中提炼出来的尿素相比较，结果发现它们是同一种物质。

1828年2月22日维勒写信给他的老师贝采里乌斯："我告诉您，我已经能够制造出尿素，而且是不求助于动物（无论是人，或是犬）的肾。也许您还记得我和您在一起工作时完成的那些实验，当我尝试将氰酸与氨发生反应时，产生了一种白色结晶状物质，它既不像氰酸铵，也不具有氰酸铵的性质。当这种晶体用酸处理时，不会产生氢氰酸；它与碱作用时，也未发现氨的痕迹。"

尿素的人工合成虽然开始动摇了"生命力论"的基础，但是还是有不少的化学家提出，氰酸和氨的本身虽然都是无机化合物，但是它们却都是从有机化合物合成或提取出来的。

因此，从这个意义上来说，尿素的人工合成仍然没有能够完全摆脱动植物有机体即"生命力"的范畴，甚至连维勒本人也接受了这种观点。他说："尿素的人工合成，可否认为是从无机化合物制备有机化合物的一个范例呢？值得注意的是，为了制得氰酸和氨，我们首先必须要有一种有机化合物。所以，哲学家们会说，碳是由有机化合物制得的，无论如何，由活性炭制成的氰的化合物总还保留有机化合物的某些痕迹。"

一直到了1845年，德国化学家柯尔柏利用木炭、硫磺、氯和水为原料，合成了醋酸这个典型的有机化合物。随后，人们又合成了葡萄酸、柠檬酸等一系列有机酸，进而还合成了属于油脂类和糖类的物质，从而彻底解决了由无机元素合成有机化合物的问题，使"生命力论"遭到彻底的破产。

维勒不但从氰酸铵人工合成了尿素，他还分析了氰酸银的组成，其中含氧化银77.23%，含氰酸22.77%。这一分析结果竟然与李比希对雷酸银组成的分析结果相当地吻合，后者的结果是雷酸银中含氧化银77.53%，含氰酸22.47%。但是氰酸银和雷酸银确实是两种性质不同的化合物，这种现象使维勒和李比希迷惑不解，甚至认为二人之中总有一个人的分析结果是错误的。

最后，还是化学大师贝采里乌斯解决了这个问题。他提出了"同分异构"的概念，认为氰酸银和雷酸银确实是两种化合物，它们的性质虽然不同（实际上是结构不同），分子量和组成却是相同的，他把这种现象叫做同分异构现象，组成相同但性质不同的化合物称为同分异构体。

维勒制得的氰酸铵和尿素也是证明贝采里乌斯关于同分异构现象的实验依据，这两种化合物的分子式分别为 N_4HCNO 和 $CO(N_2H)_2$，一种是无机化合物，另一种是有机化合物，它们之所以不同在于二者的结构不同。

1832年维勒和李比希共同研究了苦杏仁油，发现了安息香酸基，从而发展了有机化合物的基团理论。共同的研究使维勒与李比希之间结成了永恒的友谊，在化学史上，他们二人的名字常常是联系在一起的。

1836年维勒被聘为格丁根大学的化学教授，在他的晚年，不但从事教学，而且还保持着一位实验化学家的本色，一直没有离开他的实验室和研究工作。

硝化甘油的发明人诺贝尔

阿尔弗雷德·伯纳德·诺贝尔，1833年10月21日出生于斯德哥尔摩。母亲是以发现淋巴管而成为著名的瑞典博物学家——鲁德贝克的后裔。诺贝尔是瑞典化学家、工程师、发明家、军工装备制造商和炸药的发明者。

他曾拥有自己的军工厂，主要生产军火；还曾拥有一座钢铁厂。在他的遗嘱中，他利用他的巨大财富创立了诺贝尔奖，各种诺贝尔奖项均以他的名字命名。人造元素锘就是以诺贝尔命名的。

诺贝尔

诺贝尔的父亲是一位颇有才干的发明家，倾心于化学研究，尤其喜欢研究炸药。受父亲的影响，诺贝尔从小就表现出顽强勇敢的性格，他经常和父亲一起去实验炸药。多年随父亲研究炸药的经历，也使他的兴趣很快转到应用化学方面。

1862年夏天，他开始了对硝化甘油的研究。这是一个充满危险和牺牲的艰苦历程。死亡时刻都在陪伴着他。在一次进行炸药实验时发生了爆炸事件，实验室被炸得无影无踪，5个助手全部牺牲，连他最小的弟弟也未能幸免。这次惊人的爆炸事故，使诺贝尔的父亲受到了十分沉重的打击，没有多久就去世了。他的邻居们出于恐惧，也纷纷向政府控告诺贝尔。此后，政府不准诺贝尔在市内进行实验。

但是诺贝尔百折不挠，他把实验室搬到市郊湖中的一艘船上继续实验。经过长期的研究，他终于发现了一种非常容易引起爆炸的物质——雷酸汞。他用雷酸汞做成炸药的引爆物，成功地解决了炸药的引爆问题，这就是雷管的发明。它是诺贝尔科学道路上的一次重大突破。

矿山开发、河道挖掘、铁路修建及隧道的开凿，都需要大量的烈性炸药，所以硝化甘油炸药的问世受到了普遍的欢迎。诺贝尔在瑞典建成了世界上第一座硝化甘油工厂，随后又在国外建立了生产炸药的合资公司。但是，这种炸药本身有许多不完善之处。存放时间一长就会分解，强烈的振动也会引起爆炸。在运输和贮藏的过程中曾经发生了许多事故，针对这些情况，瑞典和其他国家的政府发布了许多禁令，禁止任何人运输诺贝尔发明的炸药，并明确提出要追究诺贝尔的法律责任。面对这些艰险，诺贝尔没有被吓倒，他又在反复研究的基础上，发明了以硅藻土为吸收剂的安全炸药，这种被称为黄色炸药的安全炸药在火烧和锤击下都表现出极大的安全性。这使人们对诺贝尔的炸药完全解除了疑虑，诺贝尔再度获得了信誉，炸药工业也很快地获得了发展。

在安全炸药研制成功的基础上，诺贝尔又开始了对旧炸药的改良和新炸药的生产研究。2年以后，一种以火药棉和硝化甘油混合的新型胶质炸药研制成功。这种新型炸药不仅有高度的爆炸力，而且更加安全，既可以在热辊子间碾压，也可以在热气下压制成条绳状。胶质炸药的发明在科学技术界受到了普遍的重视。诺贝尔在已经取得的成绩面前没有停步，当他获知无烟火药的优越性后，又投入了混合无烟火药的研制，并在不长的时间里研制出了新型的无烟火药。

诺贝尔一生的发明极多，获得的专利就有255种，其中仅炸药就达129种，就在他生命的垂危之际，他仍念念不忘对新型炸药的研究。

诺贝尔对文学有长期的爱好，在青年时代曾用英文写过一些诗。后人还在他的遗稿中发现他写的一部小说的开端。他对各种人道主义和科学的慈善事业捐款十分慷慨，把大部分财产都交付给了信托，设立了后来成为国际最高荣誉的奖金——诺贝尔奖金，即和平、文学、物理学、化学、生理学或医学共5项诺贝尔奖金（另外，诺贝尔经济学奖金是瑞典国家银行在1968年提供资金增设的）。

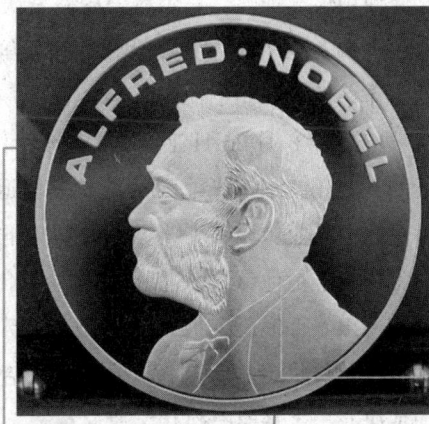

诺贝尔奖章

1896年12月10日诺贝尔在意大利的桑利玛去世，终年63岁。

有机结构理论奠基人之一——布特列洛夫

布特列洛夫是 19 世纪中叶杰出的化学家之一，他在创建有机化学的结构理论上做出了重要的贡献，和凯库勒、柯尔柏同时为结构理论的建立奠定了基础。为了了解布特列洛夫的成就，让我们先了解一下他所处的时代。

在 1840 年左右，喀山大学是俄罗斯的化学研究中心，这所大学创建于 1804 年，那里有 2 位有名的学者研究化学：一位是克劳斯，既是解剖学家，又是化学家，他以研究铂和发现元素钌而闻名；另一位是有机化学家齐宁，他是首先将西欧先进的科学技术和丰硕的化学成果介绍到俄罗斯的科学家之一。

尽管喀山大学有这两位有名的化学家指导学生学习和研究化学，但是工作条件远远落后于西欧。例如，在克劳斯任职之前，喀山大学根本没有化学实验室。

直到 1857 年著名的有机化学家马尔科夫尼科夫在该校学习时，化学实验室的条件仍然是不能令人满意的。他描述一间化学实验室里，只有两个实验台，一个大炉子，一个砂浴作为加热用具，而当时西欧的化学实验室已经使用煤气加热。马尔科夫尼科夫认为俄罗斯与西欧之间隔着一堵高墙，只有少数人能冲破它，呼吸到欧洲新鲜的空气。而布特列洛夫正是在这样的工作条件下开始了他的大学生活。

1828 年 8 月 25 日亚历山大·米哈伊洛维奇·布特列洛夫出生于喀山附近的齐斯托波尔镇，他的父亲是一位退伍的军官。父亲希望他成为一位数学家，但是亚历山大·米哈伊洛维奇自认为没有计算能力，愿意从事实际的工作，于是他就进入喀山大学学习化学。一开始，布特列洛夫在克劳斯指导下学习，但是，他发现自己对齐宁的有机化学研究更加感兴趣，他看到了红色片状结晶偶氮苯、黄色针状结晶氧化偶氮苯和闪闪发光的联苯胺，使他决心一生从事有机化学研究。

在齐宁循循善诱的引导下，布特列洛夫研究了各种安息香基化合物和萘的化合物，完成了尿酸、靛蓝等一系列的有机制备。从这些较难的实验中，布特列洛夫掌握了有机化学知识和实验技能。他不仅在学校的实验室工作，而且还在家里制备咖啡碱、靛红、双阿脲等。显然，对于不习惯化学实验室气氛的家人来说，硝酸和硫酸的蒸气闻起来很不愉快，但是布特列洛夫却非常乐意做这些实验。

1849 年，布特列洛夫完成了学士学位论文，题目是《乌拉尔—伏尔加地区的蝴蝶的研究》，由于这位年轻人的能力很强，喀山大学希望他能留在学校工作，于是他担任了喀山大学物理学讲师。1851 年，布特列洛夫获硕士学位，论文题目是《有机化合物的氧化反应》。

1853 年他完成了博士学位论文，题目是《从俄罗斯一家工厂的轻油中提取与樟脑类似的物质》。当时，喀山大学的化学和矿物学教授都同意通过这篇博士论文，但是物理学教授萨维尔也夫认为论文未能达到要求。于是，布特列洛夫只得将论文送到莫斯科大学去答辩，并于 1854 年获莫斯科大学化学和物理学博士学位。布特列洛夫在获得博士学位以后，对彼得堡进行了短期的访问，在那里会见了当时已在彼得堡工作的老师齐宁。

齐宁向布特列洛夫详细地介绍了日拉尔和罗朗的学说，以及《化学的方法》和《有机化学的特点》，使布特列洛夫的眼界大为开阔。布特列洛夫回到喀山大学以后，担任了编外教授，开始研究三碘化磷对甘露糖醇的作用，以及不同条件下松节油的性质。1858 年他被提升为正教授，此后一直是喀山大学颇有名望的教授。

1857 年，马尔科夫尼科夫进入喀山大学时，就在布特列洛夫指导下学习。马尔科夫尼科夫这样形容他的老师："他不仅是一位优秀和慈祥的教授，而且对每一个学生所提出的问题都仔细地聆听，并作出详细的回答，当我们在实验室工作时，就好像在家里一样，感到很自由。"

1857 年 6 月到 1858 年 8 月，能够熟练运用法语和德语的布特列洛夫到西欧访问，他首先访问了米希尔里希的实验室，看到了实验室中都使用煤气加热，而喀山大学则还在用酒精灯或煤炉加热，相比之下，喀山大学要落后得多，很难满足有机分析实验的需要。他还访问了海德尔堡大学，当时凯库勒还是一位讲师，但是这位年轻的学者却发表了著名的论文《碳的化学本性》，第一次介绍了原子价的概念。布特列洛夫对凯库勒的理论十分感兴趣，他们之间的学术交流和友谊对于后来布特列洛夫的研究工作产生了很大的影响。

布特列洛夫在访问了瑞士和意大利以后，于 1857 年 12 月到达巴黎，他接受邀请访问了霍夫曼和威廉逊的实验室。在 1857～1858 年，巴黎云集了许多知名的化学家，如杜马、德维尔、贝特罗、巴拉德等，使布特列洛夫受益匪浅。他在巴黎时，主要在武慈的实验室中工作，研究从乙基钠和碘制备二碘乙烯，它与醋酸银反应又生成亚甲基二醇的醋酸盐。这一研究使布特列洛夫开始出名。

1858 年 7 月布特列洛夫回到喀山大学，介绍了他访问西欧的观感，用他自己的话说他从学生变成了学者。他立即着手改善化学实验室的条件，在学校里建立了一座小型的煤气工厂，为实验室提供良好的燃料。在这一段时期，他继续在巴黎时的研究工作，虽然在尝试分离出二甲基二醇上未获得成功，但却证明了自由甲基是不可能存在的。他还制得了甲醛的聚合物，称之为二羟基甲基；用这种化合物与氨作用，布特列洛夫首先制得了六亚甲基四胺（即乌洛托品）。

他利用二羟基甲基与石灰水的反应，第一次合成了属于糖类的物质，这是利用比较简单的物质合成碳水化合物的第一个例子。这和维勒利用氰化物合成尿素，柯尔柏利用木炭、硫磺、氯和水为原料合成醋酸具有同等重要的意义。

1861 年，布特列洛夫再一次访问西欧，又与他的老朋友凯库勒会晤。然后参加了在斯佩耶举行的"德国自然科学家和医生代表大会"，他在会上宣读了论文《化合物的化学结构》，这是在有机化学中第一次使用"化学结构"这一术语。

布特列洛夫提出，化学的发展，使日拉尔、罗朗和贝采里乌斯的理论已经满足不了要求，需要有一种新的理论来阐明有机化学。他所强调的化学结构的含义是："假定一个原子具有一定的和有限的化学亲合力，借助于这种亲合力，原子形成化合物，那么，这种关系，或者说在组成的化合物中各原子间的相互连接，就可以用化学结构这一术语来表示。"他还指出："一个分子的本性，取决于组合单元的本性、数量和化学结构。"因此，他认为有机化合物的化学性质与化学结构之间存在着以下关系："根据化学结构可以推测分子的化学性质；同时，又可以根据化学性质和化学反应推测分子的化学结构。"

1862 年，布特列洛夫又在《对有机化合物进行全面研究的介绍》一书中阐明了这些观点，这本书于 1867 年译成德文。不久，布特列洛夫被指定担任喀山大学校长，但是他并不需要一个干扰他研究工作的职位，所以他请求不担任此职。但是学校当局还是在 1862 年任命他为校长，而他只当了几个月的校长，就于 1863 年辞去了这一职务，专心致志于研究有机化学。

1864 年，他研究了二甲基锌与碳酰氯（光气）的作用，得到了一种醇的混合物。接着，他又用乙酰氯代替碳酰氯，与二甲基锌反应，得到了一种新的醇，经过证明，它是叔丁基醇。这是第一次制得叔醇。柯尔柏曾经预言过叔醇这种化合物，现在由布特列洛夫制得了。后来，他还继续改进叔醇的制法，研究它的氧化反应，分离出它的衍生物。

1868 年，门捷列夫认识到化学结构研究具有深远的意义，因此，他推选布特列洛夫担任彼得堡大学教授。布特列洛夫还担任过彼得堡科学院院长和美国化学会名誉会员。

1872 年，布特列洛夫转向一个新的研究领域——合成并研究三甲基醋酸的性质，他用氰化亚汞处理叔丁基碘，再使生成的叔腈水解，就制得了三甲基醋酸，这一研究使他发现了叔酮的化学结构。

1876 年，布特列洛夫在华沙发表了关于二异丁烯的论文，研究了聚合机理，第一次阐明了互变异构现象。他利用硫酸与叔丁醇的作用，获得了 2 种二异丁烯的异构体，并讨论了异构体之间存在的化学平衡："在研究一种物质的化学结构时，由于反应条件不同，分子总是存在着 2 种或 2 种以上的异构体。"

1886 年春天，布特列洛夫的健康开始恶化，于同年 8 月 5 日突然逝世，享年 58 岁。他的学生马尔科夫尼科夫不但接替了他的职位，还对有机结构理论的发展做出了贡献，提出了著名的马尔科夫尼科夫规则。

第一个荣获诺贝尔化学奖的人

范特霍夫，1852 年出生在荷兰鹿特丹一个著名医生家中，生活比较富有。范特霍夫上中学时最感兴趣的课程是化学，他自己看了许多化学书。每当上化学实验课时，他都认真听老师一讲解，认真做好老师指定的实验。

但是课堂上的实验太少，满足不了他的要求。怎么才能自己自由地做实验呢？于是在一个星期天，他一个人偷偷地翻过学校的院墙，从化学实验室地下室的窗子钻入，沿着楼梯进到实验室，打开玻璃柜，拿出酒精灯、蒸馏瓶、铁架台等化学仪器做起了实验。

突然，门被打开，化学老师霍克维尔夫先生走了进来，生气地问他如何进来的，做的是什么实验。范特霍夫红着脸结结巴巴地作了回答。"真是胡闹，尽管你实验做得很准确，但是你犯了学校的规矩，校长要是知道会开除你的！"于是，老师把范特霍夫领到他父亲那里，范特霍夫的父亲指出，应当做一个品格高尚的人，即便是为了对知识的渴求也不能像小偷一样去违犯学校的规矩。

范特霍夫

为了满足孩子做实验的要求，他父亲用一间旧房子为他改成简易实验室。范特霍夫中学毕业后想学习化学，可是他父亲希望他成为一名工程师，范特霍夫不想使父亲伤心，便考入德尔夫特工学院学习数学。

尽管他主修数学，但最感兴趣的还是化学，他把哲学家孔德的一段话奉为经典："从方法论上看，详尽地了解数学，对化学家理解化学本身将会起决定的作用。"范特霍夫认为，孔德的话是绝对正确的。因此他努力学习数学，这对他以后成为物理化学家是至关重要的。范特霍夫在工学院2年就修完了全部课程，提前毕业了。但他认为，只有一张大学毕业文凭还不足以搞科学研究，1872年他又考入莱顿大学攻读博士学位。1874年，范特霍夫通过了论文答辩，从而获得了数学博士和自然哲学博士的学位。

44

由于范特霍夫精通数学，又积累了丰富的化学实验资料，使他在物理化学上取得了重大突破，他对化学反应速度、渗透压、化学平衡、稀溶液的规律的研究超过了同时代的化学家。他写成一部专著《化学动力学概论》，这部书后来成了物理化学的经典，并受到瑞典物理化学大师阿仑尼乌斯的高度评价。阿仑尼乌斯在《北欧评论》中著文指出："范特霍夫的著作具有划时代的意义，它对今后化学上一系列主要问题的发展将起到决定性影响。"

作为杰出的物理化学家，范特霍夫在国外已经很出名了，但是国内的当权派却不怎么重视他。这时莱比锡大学向他发了聘书，聘请他担任莱比锡大学物理化学教授，而且待遇十分优厚。范特霍夫非常热爱他的祖国和家乡，他不愿离开荷兰，但他对当局迟迟不给阿姆斯特丹大学建造实验室和教室及对教师的不公正待遇感到非常气愤，他忍痛决定去莱比锡。

在他离开之前，各大学教授联合给阿姆斯特丹大学校长和教育部写信说："在我国，像范特霍夫这样的人才是很少的，我们希望你们想尽一切办法把他留在我们这里！"迫于各界的压力，最后政府决定给阿姆斯特丹大学一笔费用，用以修建化学研究所大楼和实验室。范特霍夫刚刚到达莱比锡便收到教授们联合从阿姆斯特丹拍来的电报，他收到电报后，没有到莱比锡大学就职，就立即回国了。当他乘火车到达阿姆斯特丹时，受到大学生们近乎狂热的欢迎。大学生们以范特霍夫为荣，他们感到能与自己最敬爱的教授在一起十分幸福和骄傲。

1901年12月10日，在斯德哥尔摩科学院大礼堂里，聚集了世界第一流的科学家，范特霍夫向到会者介绍了化学溶液理论。鉴于他对化学所做的贡献，他获得了诺贝尔奖金中第一个化学奖。

元素周期律之父门捷列夫

门捷列夫，生于一个有17个子女的中学校长家庭，他排行十四。出生刚数月，父亲双目突然失明，接着又丢掉了校长的职务。微薄的退休金难以维持生计，全家不得不搬到附近一个村子里，因为舅舅在那里经营一个小型玻璃厂。工人们熔炼和加工玻璃的场景，对他以后从事与烧杯、烧瓶打交道的化学研究产生很大影响。

1841 年秋，不满 7 周岁的门捷列夫和十几岁的哥哥一起考进市中学，在当地轰动一时。门捷列夫 13 岁时父亲去世，14 岁时工厂遭火灾化为灰烬，母亲只好再次搬家，将成年的女儿们嫁出去，让两个儿子参加工作。1849 年春，门捷列夫中学毕业，母亲变卖家产，一心想让小儿子上大学。在父亲的一位朋友的帮助下，门捷列夫进入彼得堡师范学院物理系。只过了 1 年，就成为优等生。紧张学习之余，还撰写科学简评得到少量稿费。这时他已经失去任何经济支持：舅舅和母亲相继去世。1854 年，他大学毕业并荣获学院的金质奖章，23 岁成为副教授，31 岁成为教授。

1860 年门捷列夫在为著作《化学原理》一书考虑写作计划时，深为无机化学的缺乏系统性所困扰。于是，他开始搜集每一个已知元素的性质资料和有关数据，把前人在实践中所得成果，凡能找到的都收集在一起。人类关于元素问题的长期实践和认识活动，为他提供了丰富的材料。他在研究前人所得成果的基础上，发现一些元素除有特性之外还有共性。例如，已知卤素元素的氟、氯、溴、碘，都具有相似的性质；碱金属元素锂、钠、钾暴露在空气中时，都很快就被氧化，因此都是只能以化合物形式存在于自然界中；有的金属例如铜、银、金都能长久保持在空气中而不被腐蚀，正因为如此它们被称为贵金属。

于是，门捷列夫开始试着排列这些元素。他把每个元素都建立了一张长方形纸板卡片。在每一块长方形纸板上写上了元素符号、原子量、元素性质及其化合物。然后把它们钉在实验室的墙上排了又排。经过了一系列的排队以后，他发现了元素化学性质的规律性。

门捷列夫

因此，当有人将门捷列夫对元素周期律的发现看得很简单，轻松地说他是用玩扑克牌的方法得到这一伟大发现的，门捷列夫却认真地回答说，从他立志从事这项探索工作起，一直花了大约 20 年的工夫，才终于在 1869 年发表了元素周期律。他把化学元素从杂乱无章的迷宫中分门别类地理出了一个头绪。此外，因为他具有很大的勇气和信心，不怕名家指责，不怕嘲讽，勇于实践，敢于宣传自己的观点，终于得到了广泛的承认。为了纪念他的成就，人们将美国化学家希伯格在 1955 年发现的第 101 号新元素命名为"钔"。

镭的"母亲"居里夫人

玛丽·居里，1867 年出生于波兰，因当时波兰被占领，转入法国国籍，故是法国的物理学家、化学家。她研究放射性现象，发现镭和钋两种天然放射性元素，被人称为"镭的母亲"，一生两度获诺贝尔奖（第一次获得诺贝尔物理学奖，第二次获得诺贝尔化学奖）。

居里夫人（1867～1934）和她的丈夫法国物理学家居里（1859～1906），于 1898 年在沥青铀矿中发现 2 种新的放射性元素——钋和镭。他们经过 4 年的精心研究和艰苦努力，才从 7 吨矿石中提取了 1 克的镭。钋和镭的放射性都比铀强得多，而镭是放射性最强的元素，它比铀的放射性要强几百万倍。镭的化合物放射能力的强弱，只和其中含有的镭有关，而与镭和何种元素化合完全无关。镭射线具有极大的能量，它能使很多化合物如水、氯化氢等分解，并能破坏器官组织和杀灭细菌等。

经过研究，镭所放出的射线并不止一种。如果把镭的化合物放入上部有小孔的铅盒内，则从小孔放出一束狭窄的射线。这束射线在外界电场或

居里夫人

磁场的影响下便分成 3 种射线。其中向负极偏折的叫做 α 射线，向正极偏折的叫做 β 射线，不受偏折的叫做 γ 射线。α 射线是带有正电荷的粒子流，其速度约为 20000 千米/秒（约等于光速的 1/15），并具有穿透物质的能力。经测定，每个 α 粒子带有 2 个单位正电荷，质量等于 4，它实际上就是带有 2 个单位正电荷的氦原子。

α 射线和阴极射线相似，也是带有一个单位负电荷的粒子——电子流。不过 β 粒子的速度几乎等于光速，而阴极射线的速度才有光速的 1/2。β 射线对物质的穿透力约比 α 射线大 100 倍。

γ 射线和上述两种射线不同，它不是由微粒构成。它类似普通光线，是一种电磁波，不过波长特别短，比可见光的波长约小几十万倍。γ 射线对物质的穿透力比 β 射线更强，能穿透厚达 30 厘米的铁板。

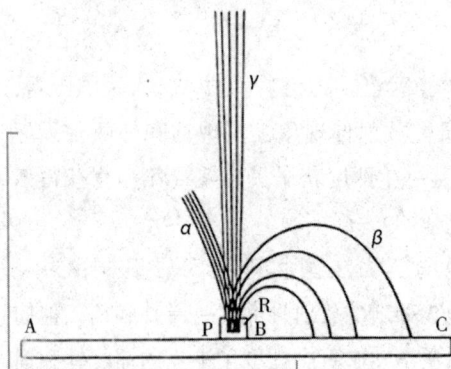

α、β、γ 射线偏折现象

从多次实验证明，镭除了放射 α、γ 和 β 射线外，同时还析出一种新的放射性元素，起初称为镭射气，后来得知它是一种稀有气体，定名为氡。从氡的原子量为 222，而镭的原子量为 226，氦的原子量为 4 可知，由于镭的放射，结果使它本身原子分裂成氡原子和氦原子。也就是镭在放射过程中，不断裂变为 2 种新元素——氡和氦。氡也能放出射线。放射性现象的发现和对它进行研究的成果，直接地揭开了原子的秘密，为科学深入到原子内部的研究提供了线索，起着启蒙作用。

物理化学始祖斯凡特·阿伦尼乌斯

斯凡特·奥古斯特·阿伦尼乌斯（1859～1927），瑞典化学家。提出了电解质在水溶液中电离的阿伦尼乌斯理论，研究了温度对化学反应速率的

48

影响，得出阿伦尼乌斯方程。由于在物理化学方面的杰出贡献，被授予1903 年诺贝尔化学奖。

阿伦尼乌斯出生于瑞典乌普萨拉附近的威克，从小就喜欢数学，8 岁进入教会学校，充分表现出在数学和物理上的天赋。1876 年他从学校毕业，进入乌普萨拉大学。在大学中，阿伦尼乌斯对于当时的物理和化学教学不满。1881 年他进入斯德哥尔摩的瑞典科学院物理研究所工作，主要方向是电解质的导电性。

在这一阶段，阿伦尼乌斯进行了大量实验和理论思考，于 1884 年向乌普萨拉大学提交了 150 页的博士毕业论文，其中基本提出了阿伦尼乌斯理论，很多概念至今仍在沿用。这些工作后来也为他获得了诺贝尔化学奖。但当时负责评审的教授只给了他勉强通过的分数。阿伦尼乌斯将文章寄给了当时物理化学研究的领袖人物，如伦道夫·克劳修斯、威廉·奥斯特瓦尔德与雅格布斯·范特霍夫，得到很高评价。

49

阿伦尼乌斯

随后阿伦尼乌斯得到了一笔旅行资金，使得他可以到奥斯特瓦尔德、玻尔兹曼以及范特霍夫研究组进行短期研究。通过与这些科学家的交流，阿伦尼乌斯开始对化学反应速率问题进行研究。他通过提出了活化能概念，对化学反应常常需要吸热才能发生这一现象给出了解释，并给出了描述温度活化能反应速率常数关系的阿伦尼乌斯方程。

1891 年他回到瑞典，在皇家理工学院工作。1905 年诺贝尔物理研究所建立，阿伦尼乌斯一直担任所长到 1927 年退休。这一阶段他主要从事天体物理研究。1927 年因肠炎去世，葬于乌普萨拉。

中国化学家：黄鸣龙

黄鸣龙（1898～1979），有机化学家。江苏扬州人。1917 年毕业于江苏省扬州中学，1918 年毕业于浙江医院专科学校。1924 年获德国柏林大学化学博士学位。1925 年回国后，任浙江医药专科学校教授兼主任。

1934 ~ 1940 年先后在德国符兹堡大学、德国先灵药厂研究院、英国伦敦大学做访问教授。1940 年回国，任中央研究院研究员、西南联合大学教授。1945 ~ 1952 年，先后任美国哈佛大学访问教授、默克药厂研究员。

1952 年回国后，历任中国人民解放军医学科学院化学系主任、中国科学院有机化学研究所研究员、中科院数学物理化学部委员、中国药学会副理事长。是第三届全国人大代表，第二、三、五届全国政协委员。1938 年开始从事甾体化学的研究。首次发现甾体中的双烯酮反应，用于生产女性激素。发现变质山道年的 4 个异构体在酸碱中可以成圈转变，由此推断出山道年及 4 个变质山道年的相对构型。

1945 年在美国从事凯西纳—华尔夫还原法的研究中取得突破性成果。国际上称之为黄鸣龙还原法。他还领导了用七步法合成可的松的研究，并协助工业部门投入了生产。领导研制了甲地孕酮等计划生育药物，为建立甾体药物工业做出了重大贡献。关于甾体合成和甾体反应的研究，1982 年获国家自然科学奖二等奖。发表论文 100 余篇。

在有机化学史上迄今唯一一个用中国人名字命名的反应：黄鸣龙还原反应，更让世人改变了对中国的看法。

黄鸣龙还原法的基础是狼凯惜纳还原法，黄鸣龙在其反应条件上进行了改良，先将醛、酮、氢氧化钠、肼的水溶液和一个高沸点的水溶性溶剂（如二甘醇、三甘醇）一起加热，使醛、酮变成腙，再蒸出过量的水和未反应的肼，待达到腙的分解温度（约200℃）时继续回流 3 ~ 4 个小时至反应完成，这样可以不使用狼凯惜纳法中的无水肼，反应可在常压下进行，而且缩短反应时间，提高反应产率（可达90%）。

地球化学奠基人戈尔德施密特

戈尔德施密特，挪威地球化学家、晶体化学家和矿物学家。地球化学奠基人之一。1888 年 1 月 27 日生于瑞士苏黎世，1947 年 3 月 20 日卒于挪威奥斯陆。1905 年入挪威国籍。1908 年于克里斯蒂安尼亚（现奥斯陆）大学毕业，1911 年获博士学位。曾任克里斯蒂安尼亚大学教授兼矿物研究所所长，国家矿物原料委员会主席，德国格丁根大学矿物岩石研究所所长。1924 年当选为苏联科学院通讯院士。1911 年戈尔德施密特首次提出矿物相律。

1926 年最先推导出 80 多种离子的半径，并于 1927 年提出晶体化学第一定律。他将晶体化学原理和方法应用于地球化学研究，探讨化学元素在地球中分布的控制规律，把地球化学向前推进了一大步。他提出了元素地球化学分类。他根据化学组成，提出了地球内部分圈的假说，认为从地表至地心依次为岩石圈、硫化物氧化物圈、铁镍核心，至今为许多学者所赞同。戈尔德施密特对许多稀有贵重分散元素的地球化学行为进行了研究，对陨石进行了大量的分析，提出了陨石的平均化学组成。对地球化学元素的丰度进行了研究，提出了地壳主要元素的丰度表，并于 1937 年首次绘制出太阳系的元素丰度曲线。主要著作有《元素的地球化学分布规则 1～9》（1923～1938）和《地球化学》（1954）等。

地球化学研究主要包括：①研究地球和地质体中元素及其同位素的组成，定量地测定元素及其同位素在地球各个部分（如水圈、气圈、生物圈、岩石圈）和地质体中的分布；②研究地球表面和内部及某些天体中进行的化学作用，揭示元素及其同位素的迁移、富集和分散规律；③研究地球乃至天体的化学演化，即研究地球各个部分，如大气圈、水圈、地壳、地幔、地核中和各种岩类以及各种地质体中化学元素的平衡、旋回，在时间和空间上的变化规律。

地球化学研究方法主要有相关书籍综合地质学、化学和物理学等的基本研究方法和技术形成的一套较为完整和系统的地球化学研究方法。包括：野外地质观察、采样；天然样品的元素、同位素组成分析和存在状态研究；元素迁移、富集地球化学过程的实验模拟等。在思维方法上，对大量自然现象的观察资料和岩石、矿物中元素含量分析数据的综合整理，广泛采用归纳法，得出规律，建立各种模型，用文字或图表来表达，称为模式原则。随着研究资料的积累和地球化学基础理论的成熟和完善，特别是地球化学过程实验模拟方法的建立，地球化学研究方法由定性转入定量化、参数化，大大加深了对自然作用机制的理解。现代地球化学广泛引入精密科学的理论和思维方法研究自然地质现象，如量子力学、化学热力学、化学动力学、核子物理学等，以及电子计算技术的应用使地球化学提高了推断能力和预测水平。在此基础上编制了一系列的地质和成矿作用的多元多维相图，建立了许多代表性矿床类型成矿作用的定量模型和勘查找矿的计算机评价和预测方法。

20 世纪最伟大的化学家之一——鲍林

莱纳斯·鲍林 1901 年出生于美国，他是 20 世纪最伟大的化学家之一，他曾 2 次获得诺贝尔奖，为结构化学理论做出了杰出的贡献。

鲍林的工作方式与众不同，他常常大胆地提出设想，如在研究硅酸盐的结构时，他提出了化学键距、键角和分子耦合力矩的概念，这些正是结构化学的要素。鲍林正是从这些要素入手，应用量子力学在杂化轨道的基础上建立了结构理论。杂化轨道可用于预测分子的化学特性及原子价，并为后来进入化学领域的研究人员提供了一种研究方法，也为原子和分子浩繁纷杂的物理和化学特征理出了头绪。

鲍林 1939 年出版了《化学键本质》一书，这本书在化学领域引起的反响是任何其他书所不能比拟的。他提出了以物理原则为基础来阐述化学的研究方法，并且让人们意识到三维方式思考化学问题的重要性。由于这些贡献，鲍林于 1954 年获诺贝尔化学奖。

鲍林在 1940 年和德国生物学家一起发展了抗体——抗原反应中分子互补性概念。他们认为，这种大分子间的相互作用很可

莱纳斯·鲍林

能是遗传物质分子基础中的关键部分，为研究 DNA 结构提供了不可缺少的指导性作用。他还发现酶的活动是双向的，指出酶的作用就是降低生物转化过程中的活化能。1962 年鲍林又与他人合作，研究了不同的动物血红蛋白排列顺序有差异，并将这些差异与导致动物分枝进化的进化期联系起来，为人们推测动物进化时间提供了理论依据，并因这一原理开创了分子进化学。第二次世界大战出现了核武器后，他认为辐射对基因组有害，即使辐射剂量很小也会对人体造成损害，因此他为实现停止核试验的目标进行了不懈的努力。为此他获得了 1962 年诺贝尔和平奖。20 世纪 70 年代，鲍林的研究转向抗老剂（如维生素 E、维生素 C），他凭分析和直觉得出这样的结论，即如果我们补充这些维生素的话，会变得更加健康。虽然抗老剂的一般作用和维生素的特定作用的争论一直没有停止过，但许多分析结果都支持了鲍林的结论。

鲍林 1994 年 8 月 19 日以 93 岁高龄谢世，他除了荣获 2 次诺贝尔奖外，还荣获各种组织颁发的 50 多项奖励，各大学授予他的荣誉学位也有 30 多个。爱因斯坦曾高度评价鲍林说："此人是真正的天才。"鲍林曾于 1973 年 9 月和 1981 年 6 月两次来华进行讲学和访问，受到我国科学工作者的欢迎和敬佩。

当代有机化学大师罗伯特·伍德沃德

罗伯特·伯恩斯·伍德沃德（1917～1979），美国有机化学家，对现代有机合成做出了相当大的贡献，尤其是在合成和具有复杂结构的天然有机分子结构阐明方面。获 1965 年诺贝尔化学奖。与其同事罗尔德·霍夫曼共同研究了化学反应的理论问题。后者也获得了 1981 年的诺贝尔化学奖。

伍德沃德生于麻省波士顿。其父为阿瑟·伍德沃德，系英格兰移民。其母为玛格丽特·伍德沃德，为苏格兰移民，生于格拉斯哥。

伍德沃德从小即醉心于化学。上昆西的小学、中学时就已经开始自学化学。在他上中学前，就已经把一本普遍使用的保罗·嘎特曼编写的有机化学实验教材大部分的实验，想办法做了一遍。1928 年（11 岁）时伍德沃

53

德找到了驻波士顿的德国领事馆总领事，通过他取得一些发表在德国期刊上的论文。

后来在其科普讲座中伍德沃德回忆，他无意中在这堆论文中发现了狄尔斯和阿尔德关于双烯合成反应的原始通讯，并被迷住了的经历。在随后的生涯中，伍德沃德大量地应用此反应于有机合成，并在理论和应用上对此反应做了非常深入的研究。

1933 年他被麻省理工学院录取，次年却因忽视其他课程的学习导致成绩不好而被校方开除。麻省理工学院于 1935 年再次录取了伍德沃德，并于 1936 年授予其理学学士学位。再一年后他拿到了博士学位，

罗伯特·伯恩斯·伍德沃德

其时，他的同学学士都还没毕业。伍德沃德的博士论文是关于雌性荷尔蒙孕酮的合成。

以后伍德沃德便一直在哈佛待了下去。1960 年，他被任命为唐纳理学教授，于是他便不需要给学生上课，从而能把所有的时间都花在研究上。

1930 年，英国化学家克里斯托夫·英果尔德和罗伯特·罗宾逊开始了有机反应的机理研究，提出了很多经验规则用以预测有机分子的反应活性。伍德沃德大概是第一个在有机合成中利用这些规则的化学家。伍德沃德的做法激励了大批合成了许多重要药物和结构复杂的天然产物的新一辈化学家们。

1940 年，伍德沃德合成了许多复杂的天然产物分子，包括奎宁、胆固醇、可的松、马钱子碱、麦角酸、利血平、叶绿素、头孢氨素和秋水仙碱。经过这些分子的合成，伍德沃德开创了有机合成的一个新纪元，称为"伍德沃德时代"。他告诉人们只要仔细地运用物理有机化学的原理，以及精细策划，天然产物可以通过人工的方法合成出来。许多伍德沃德的合成工作被同行誉为杰作。在伍德沃德做出这些分子之前，人们普遍认为人工合成这些分子是不可能的。伍德沃德的工作也被别人描述为一种艺术。从那以后，从事合成研究的化学家们总是希望在合成中力求实用与美的结合。他

在研究中大量应用当时新兴的红外光、紫外光和核磁共振技术，并注重合成中的立体化学问题（即分子在三维空间的构形）。许多药物分子往往是某种特定结构的异构体才能充当，这就需要解决合成中的立体专一性问题，从而能合成具有特定立体化学的分子，在当时伍德沃德的工作是首创的。他的工作告诉人们，通过透彻和理性的规划，立体专一的合成是可以实现的。众多他的合成工作采用的是通过引入刚性结构因素于分子中，迫使分子形成某个特定结构。这种思路现在已经变成一种研究的标准方法。伍德沃德在这方面贡献，尤其是以他完成的利血平和马钱子碱的合成作为代表，在有机合成发展史上是里程碑式的贡献。

伍德沃德还在有机合成中应用了红外光技术和化学降解方法来测定复杂分子的结构。其中尤为值得注意的是山道年酸、马钱子碱和土霉素等等。第二次世界大战期间，伍德沃德提出了青霉素正确的 β-内酰胺结构，纠正了罗伯特·罗宾逊提出的塞唑啉—恶唑结构，而后者是当时有机界的权威。伍德沃德的同事、诺贝尔奖获得者德里克·巴顿评论道："最牛的结构式鉴定当属土霉素无疑。这个问题工业价值很大，引得众多天才化学家们纷纷投入这项工作中来。研究数据繁多而无头绪，很多东西实验上没有问题，但却得不到正确的结果。伍德沃德拿了张卡片，罗列出各个研究数据，静思良久，便推出了土霉素的正确结构。这在当时是无人能及的。"伍德沃德再一次借由实例告诉人们，结合理性思辨与理论以及对化学的直觉可以做到这些。

1950 年早期，伍德沃德与在哈佛工作的英国化学家杰夫里·威尔金森一道，提出了二茂铁的新颖结构。二茂铁分子由有机分子和铁原子构成。这个事件被当作是金属有机化学的开端。该学科如今已发展成为一门具有重要工业价值的学科。威尔金森与恩斯特·奥托·费歇尔一道因为此项工作而获得了 1973 年的诺贝尔化学奖。一些历史学家认为伍德沃德应该分享此项奖。伍德沃德本人也有一样的看法，曾经给诺贝尔评奖委员会写信表达看法。

伍德沃德因其在合成复杂有机分子方面的贡献获得了 1965 年的诺贝尔奖。在他的获奖发言中，伍德沃德描述了抗生素头孢霉素的合成，并声称他已经设计出了这个分子切实可行的合成方法，颁奖后在很快的时间内就可以做出来。

最具影响力的化学理论

合金规律

合金是由一种金属跟其他金属或非金属所形成的。古代工匠冶炼的青铜就属于铜与锡或铅的合金。虽然西亚民族创造了最早的铜和青铜文明，但青铜冶铸术水平最高的还要算我国商周时期的工匠。众所周知的精美的青铜四羊尊、重 875 千克的司母戊青铜鼎等一大批青铜器，以及稍后又铸出的举世罕见的曾侯乙编钟、尊盘等，都是当时的杰作。这些成就的出现是与方士们对商铜成分配比的不断探索和实践分不开的。

合金制品

战国时齐国著作《周礼·考记》中，记载着世界上最早的关于合金化的规律"六齐"规则。书中写道："金有六齐：六分其金而锡居一，谓之钟鼎之齐；五分其金而锡居一，谓之斧斤之齐；四分其金而锡居一，谓之戈戟之齐；三分其金而锡居一，谓之大刃之齐；五分其金而锡居二，谓之削杀矢之齐；金锡半，谓之鉴燧之齐。"在这里"齐"同"剂"，是调剂、剂量的意思。整段的意思是：青铜中铜和锡的重量比，在钟鼎之齐是6:1，在斧斤之齐是5:1，在戈戟之齐是4:1，在大刃之齐是3:1，在削杀矢之齐是5:2，在鉴燧之齐是2:1。根据大量的分析统计观察，这几条规则基本上符合实际情况，一般青铜含锡17%～20%最为坚利，过此逐渐变脆。"六齐"中的斧斤（工具）和戈戟（兵器）大体在此范围。青铜中锡的成分占30%左右时，硬度较高，而削杀矢都是兵刃，既要锋利，硬度大又要坚韧，所以在此范围内。青铜的颜色随着锡含量的增加而发生变化，由赤铜色（红铜）经赤黄色、橙黄色、最后变为灰白色。鉴燧即青铜镜子，只需灰白色，不怕脆。钟鼎要坚韧，更要辉煌灿烂，故含锡1/7，具有美丽的橙黄色。

司母戊青铜鼎

"六齐"规则是世界上最早的合金熔炼的工艺总结，它指导工匠根据所要制造的青铜器的不同用途，正确地选择不同性能的合金成分。但由于古代条件所限，没有配套的完备的监测和化验技术，工匠们只能凭经验判断，不能十分准确地运用"六齐"规则，自然也就不会每件制品在配比上都完全与此相符。

上海、浙江、湖南等博物馆中都珍藏有的交合剑，就是当时方士们基于对青铜合金成分的配制的深刻认识，由2种成分不同的青铜分铸的产物。剑的脊部要求韧性好，用含锡约百分之十几的青铜；两边的刃部希望锋利，用含锡20%以上的青铜，这样的剑刚柔相济，威力很大。

总之，在当时的技术条件限制下，能总结出这样基本上正确而又具有普遍意义的合金规则，说明我国古代的青铜冶炼技术已相当成熟。

燃烧现象的实质

我们的祖先，很早就知道钻木取火，利用火来烤熟食物、取暖和吓唬野兽等。可是，究竟燃烧是怎么一回事，却谁也弄不清楚，甚至还把火当做神灵来供拜。后来，人们对物质的燃烧和金属的焙烧等过程，虽然也提出不少看法，但都未能接触到它们的实质。其中在化学发展史上影响最大的，要算 17~18 世纪德国史塔尔（1660~1734）提出的燃素学说。

史塔尔认为：一切可燃的物体中，都含有一种特殊的物质叫做燃素。当物体燃烧（或金属焙烧）时，它本身所含的燃素便飞散出去，等到物体中含有的燃素完全跑掉后，燃烧也就停止了。燃烧过的产物，只需任何含有多量的燃素的物质如木炭、烟炱等供给它燃素，它就能复原为原来的物质。例如，锌加热焙烧后，它本身含有的燃素就跑掉了，变成白色的烧渣。如果把这烧渣和木炭等富有燃素的物质一起加热，锌又被蒸馏出来。

燃素学说在当时被普遍采用，它在某种程度上统一地解释了大量实验事实，并引起了许多新的研究课题，对化学的发展曾起过一定的推动作用。但燃素究竟是一种什么样的物质，人们从来没有在实验室里把它分离出来过。而且所有焙烧过的金属，总是比它焙烧前重些，燃素跑了，反而重量增加，却无法得到合理的解释。这就不能引起人们对它的怀疑。随着当时许多种气体被发现，人们对金属、氧化物、盐类等物质积累了更多的感性知识，这种虚构的、自我矛盾的燃素学说，就反而成为化学科学向前发展的绊脚石，在它统治化学领域近 100 年之后，终于被彻底否定了。

18 世纪下半叶，法国化学家拉瓦锡（1743~1794）做了许多关于燃烧和焙烧的实验，他在工作中重视应用定量研究的方法。例如，他通过一个著名的实验证实了关于大气组成的见解。拉瓦锡在曲颈甑中装一定量水银，曲颈甑跟钟罩内水银面上的空气连通着，空气的体积也已被测定。将甑加热一段时间后，他发现甑内水银面上生成红色鳞斑状的水银烧渣；经过 12 天后，烧渣不再加多，于是停止加热。这时钟罩内空气缩减到原来体积的 4/5，拉瓦锡把这剩余的气体叫做"大气的碳气"（后来改称氮气）。接着，他把甑内水银烧渣收集起来加热，又得到水银和一种气体，量得这种气体的体积，跟加热水银时缩减掉的空气体积相等，它比一般空气更利于呼吸和助燃，把这种气体跟"大气的碳气"混和，就成为一般空气。拉瓦锡认为这种气体就是不久以前英国科学家普列斯特利所发现的氧气。

通过实验，拉瓦锡有力地证明：燃烧不是史塔尔所谓的可燃物放出燃素的分解反应；而恰恰相反，它是可燃的物质跟空气里的氧气所发生的化合反应。从而揭示了燃烧过程的实质，并开始建立起现代的化学体系，从此近代化学便迅速地发展起来。

拉瓦锡在科学上是革命的，在化学发展史上有着令人难忘的功绩。但因为同法国政治上的保守分子和税务总局以及旧政权的其他机构有牵连，在1794年，他被送上了断头台。他在科学上和政治上走的是两条截然不同的道路。

气体反应中体积间数量关系

法国科学家盖·吕萨克（1778～1850）最先用定量方法研究气体间的反应。他从1804年起，花了近5年的时间，从许多气体反应中，分别测定参加反应的和反应生成的各气体的体积，结果发现它们之间总是存在一个简单的数量关系。

例如，在氢气和氯气化合成氯化氢气体的反应中，由1体积氢气和1体积氯气生成2体积氯化氢，它们之间的体积比为1：1。在氢气和氧气化合成水的反应中，由2体积氢气和1体积氧气生成2体积水蒸气，它们之间的体积比为2：1：2。盖·吕萨克从许多气体反应的研究中，总结出气体反应体积定比律：在同温同压下，参加反应的气体和反应后生成的气体体积间互成简单整数比。

这个定律给人们提出一个新问题：既然在化学反应中，各气体体积之间存在着简单整数比，说明气体具有某种相同的基本性质。当时化学界权威瑞典柏尔采留斯认为这种基本性质，乃是由于在同温同压下，同体积的各种气体中含有相同数目的原子。但是人们发现这个假定和许多实验结果有矛盾。例如，当氢气和氯气化合成氯化氢气体时，如果按照这个假定，则 1 体积氢气和 1 体积氯气只能生成 1 体积氯化氢气体。或者说，1 个氢原子和 1 个氯原子只能生成 1 个氯化氢的"复杂原子"。可是实验结果却得到 2 体积氯化氢气体。其中含有的氢原子和氯原子都比原有的增多了 1 倍，这样势必要原来的氢原子和氯原子都分割为二不可，但这和道尔顿原子论有抵触。在其他气体反应中，也会遇到类似这样的矛盾。一直到 1811 年意大利物理学家阿佛加德罗在化学上引入了分子的概念后，这个矛盾才得到解决。

盖·吕萨克

元素周期律

现在已经发现自然界共有 106 种元素，其中有些元素在几千年前就发现了，有的则刚刚发现不久。各种元素所呈现出来的性质，也是千差万别，各不相同。例如，有的在空气中很容易点燃，有的放在炉子里烧上几天几夜和没有烧过的一样，有的一遇到水就发生剧烈反应甚至爆炸，有的放在水里煮它好多时也没有变化。但是，在这些元素之间究竟有没有内在的联系呢？对这个问题，从 19 世纪初开始，就不断有人进行研究。起先有人发现，如果把性质相似的 3 种元素，按原子量大小顺序排列，那么，中间的那种元素的原子量，近似地等于前后 2 种元素原子量的平均值。例如，锂、钠、钾三种元素性质非常相似，它们都是金属，和水都能发生剧烈反应放出氢气。锂和钾的原子量分别为 7 和 39.1；而钠的原子量为 23，和锂、钾原子量的平均值差不多相等。后来，又有一些人在这方面做过不少探讨，进一步揭示了元素的性质和它们的原子量之间存在着一定的关系。虽然他们没有总结出一条完整的规律，但为后来的工作打下良好的基础。

元素周期表

1867 年，俄国化学家门捷列夫（1834～1907）在前人工作的基础上，仔细研究了各种元素的性质，分析总结了很多实验数据，对大量的感性材料，经过一番去粗存精、去伪存真、由此及彼、由表及里的改造和处理，归纳出一个很重要的自然规律，叫做元素周期律：元素的性质随着原子量的增加而周期地改变（这里所谓的"周期"，是指每隔一定数目的元素后，后面元素重复出现与前面元素相似的性质）。1869 年，门捷列夫公布了这个研究结果。同时，他把当时已知的 63 种元素依据这一规律排成第一个元素周期表。

在周期表里，他还留下了一些当时未知元素的空位，并预言这些尚未发现的元素的性质。其后不到 20 年内，相继发现的新元素镓、钪、锗，正是门捷列夫预言的类铝、类硼和类硅，它们的所有性质几乎和门捷列夫所预言的一样。

元素周期律在国际上赢得很高的评价，曾被誉为近代化学史上继道尔顿提出的原子论后的又一个里程碑。随着原子结构理论的建立，进一步揭示了元素周期律的实质。元素周期律现代更严密的表述应该是：元素的性质随着元素原子序数（元素在周期表里按次序排列的号码，也就是各该元素的核电荷数）的增加而呈周期性的变化。

有机结构理论

有机化合物和无机化合物之间虽然没有截然的界限，但它们还是有不少特性的。经过许多科学家的研究，认为有机化合物之所以如此众多和具有这些特性，是和它们的组成元素的原子，特别是碳元素的原子的性质分不开的。

1861 年，俄国化学家布特列洛夫（1828～1886）在德国自然科学研究人员的一次会议上，宣读了"关于物质的化学结构问题"的报告，为人们对有机化合物的深入研究展开了新的一页。其后，布特列洛夫本着这种见解，和他的学生一道又进行了广泛的实际研究工作，不仅合成了一些新的化合物，并使他所提出的化学结构理论进一步得到证实。这个理论，对有机化合物的分子结构，概括出以下几点主要内容：

（1）在有机化合物里，碳原子都是 4 价，分子中的各原子是按照它们的化合价（如氢原子是 1 价，氧原子是 2 价等）相互结合。在化合物中没有剩余的化合价。例如，甲烷、甲醇的分子结构，分别如下式所示：

甲烷——CH_4

甲醇——CH_4O

式中，C、H、O 分别代表碳、氢、氧元素的原子，元素符号周围的短线（化学上叫做价键）数，表示各该元素的化合价数。

（2）分子中的各原子是按照一定的顺序互相结合。碳原子间彼此可以相互结合成链状或环状。

（3）物质的性质不仅决定于分子组成，而且也取决于分子结构，即与分子中原子间相互结合的顺序有关。从乙醇和乙醚的结构式中可以看出，它们的分子组成（即分子中含有原子的种类和数目）相同，但它们的分子结构（即分子中原子间相互结合的顺序）不同，因而是性质很不相同的两种物质。

（4）分子中的各原子并不是孤立存在的，而是相互影响着的，这种影响也决定着分子的性质。影响最大的是直接相连的原子。例如，在乙醇的结构式中可以看出，乙醇分子中共有 6 个 H 原子，其中 5 个 H 原子和 C 原子相连接，还有 1 个 H 原子和 O 原子相连接，由于这个 H 原子受直接相连的 O 原子的影响，它的化学性质要比其他和 C 原子相连接的 H 原子显得活泼些。

化学反应里物质总量恒定不变

在化学反应里，一些物质发生化学变化，生成了另外一些新的物质。那么，参加反应的物质和生成的物质之间，在量的关系上是怎样的呢？也就是说，在化学反应的前后，物质的总量有没有变化呢？

对这个问题，早在公元前 5 世纪，希腊哲学家就曾提出关于"物质根本不能消灭，也不能重新创造"的想法。一直到 7 世纪，这种认为"宇宙间物质的总量永恒不变"的思想，仅仅是哲学家们的一种哲学推理，并未引起当时化学家的重视，因为他们还没有注意到化学过程的定量研究。最早认识到量的测定在化学中的重要性的是俄国科学家罗蒙诺索夫（1711～1765），他在化学实验中经常借天平的帮助进行定量研究。

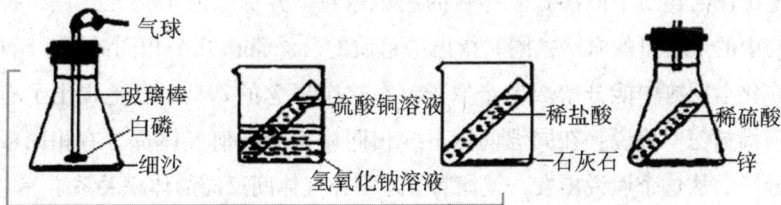

气球
玻璃棒
白磷
细沙
硫酸铜溶液
氢氧化钠溶液
稀盐酸
石灰石
稀硫酸
锌

质量守恒实验

1756 年，他通过金属在密闭容器里煅烧的实验，发现金属虽已发生了化学变化，变成了其他物质，而容器里所有物质的总量并没有改变，证实了在化学反应中物质的总量始终恒定不变。并由此确定了化学上的一个基本定律，这个定律现在叫做质量守恒定律：参加化学反应的各物质的质量总和，恒等于反应后生成的各物质的质量总和。

在化学反应中，物质可以互相转变，但物质的总量既不会增加，也不会减少。有人会想到：煤燃烧后，剩下了一堆煤灰，它的质量比煤的质量无疑是减少了，这和质量守恒定律似乎有矛盾。但若我们再仔细想一想，原来当煤燃烧时，煤中的主要成分——碳和氢跟空气中的氧气发生了化学反应，生成的二氧化碳气和水蒸气全都逸散到空气中去了。如果把它们收集起来，称出它们的总质量，再加上煤灰的质量，则和烧掉的煤以及帮助煤燃烧用的氧气的总质量，也必然相等。这与质量守恒定律并没有矛盾。

质量守恒定律的建立，对当时化学科学的发展起着推动作用。它给定量化学分析奠定了科学的基础，为精确地进行物质组成和化学反应的研究提供了理论依据。

阿佛加德罗定律

根据柏尔采留斯提出的假说，"在同温同压下，同体积的各种气体含有相同数目的原子"，来解释为什么在化学反应中各气体体积间会存在着简单整数比的关系，和许多气体反应的实验数据有矛盾。为了解决这个矛盾，意大利物理学家阿佛加德罗（1778～1858）引进"分子"的概念。他认为分子是任何物质中能够独立存在的最小微粒，并保留原子是元素在各种化合物中的最小量的看法；同时指出，单质的分子常由几个相同的原子组成，它在化学反应中能分解成单个原子。在这个概念的基础上，他提出了有名的阿佛加德罗假说：在同温同压下，相同体积的任何气体都含有相同数目的分子。从这个假说出发，就能满意地解释气体间反应的体积关系了。

例如，在相同条件下，1体积氢气含有 n 个氢分子，一体积氯气也含有 n 个氯分子，反应后生成二体积氯化氢气体，即生成 $2n$ 个氯化氢分子。显然，每个氢分子或氯分子都是由2个氢原子或2个氯原子组成，在反应中，它们分解成单个原子，并各以1个原子相互化合组成氯化氢分子。

同样，2体积氢气和1体积氧气相互作用时，得到2体积水蒸气。或者说，2个氢分子和1个氧分子化合生成2个水分子，即每2个氢原子和1个氧原子组成 1 个水分子。阿佛加德罗假说,受到当时化学权威柏尔采留斯和道尔顿等人的反对,没有即时被公认。等到几十年后,由于意大利化学家卡尼查罗在国际化学会议上,从阿佛加德罗的分子概念出发,提出一系列实验工作结果,这个几乎已被遗忘的假说才得到普遍承认。现在这个假说,经过实践证实,已被认为是一个有普遍真理意义的定律——阿佛加德罗定律。而道尔顿原子理论也随着分子概念的引入,发展成较为完善的原子论了。

原子论

在古代,关于物质是怎样构成的问题,中外哲学家曾提出不少见解。他们一致主张:宇宙万物是由少数基本物质——元素组成的,还有人认为物质可以无止境地分割下去。例如,我国在春秋战国时期,盛行阴阳五行学说,认为宇宙间一切物质,都是由金、木、水、火、土(五行)通过阴、阳这两种力,彼此间以不同比例互相结合而构成的。当时我国著名的哲学家庄子曾说过:"一尺之棰,日取其半,万世不竭。"意思是说,一尺长的棍子,今天割掉一半,明天再割掉余下的一半,这样分割下去,几十万年也分不完。庄子用了具体生动的事例,来说明他对物质可以无限分割的看法。这些见解虽然和近代物质结构理论基本上是一致的,但一直到 18世纪,英国化学家道尔顿才明确提出科学的原子论,初步建立了物质构成的学说。

道尔顿原子论的基本内容是:

(1)一切物质都是由非常微小的粒子——原子所组成。在所有化学变化中,原子都保持自己的独特性质。原子不能自生自灭,也不能再分。

(2)种类相同的原子,在质量和性质上完全相同;种类不同的原子,它们的质量和性质都不相同。

(3)单质是由简单原子组成的,化合物是由"复杂原子"组成的,而"复杂原子"也是由简单原子所组成的。

(4)原子间以简单数值比互相化合。例如,2 种原子相化合时,其数值

比常成 1：1 或 1：2、2：1、2：3
……简单的整数比。

道尔顿原子论能比较完整地说
明化学变化的本质，以及解释变化
中有关量的问题，并使化学知识在
这一理论的基础上初步系统化起
来。但道尔顿原子论也存在许多缺
点和错误。例如，他完全否定原子
是可再分的，他不明确"复杂原
子"和简单原子在性质上的差异，
以为"复杂原子"只是简单原子的
机械结合，等等。

道尔顿在提出原子论以后，还

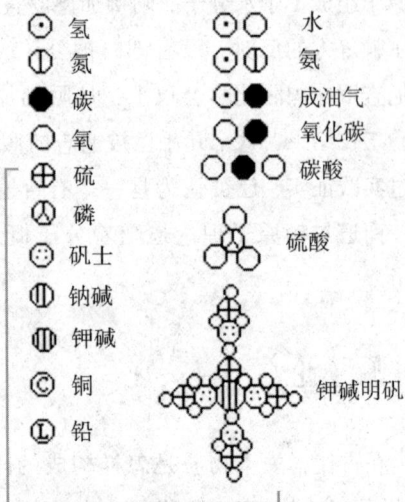

道尔顿的原子符号和式子

引入了"原子量"的概念。他根据其他化学家对化合物所做分析的结果，
把最轻的元素——氢的原子量定为 1 个单位，计算出氧、氮、硫、碳等元素
的原子量，提出包括 14 种元素的第一个原子量表，并用图形符号表示这些
元素的原子以及它们的化合物的一些"复杂原子"。

电离理论

根据化合物在溶液里或熔化状态时的导电性，可以把化合物分成 2 大
类——电解质与非电解质。

试验物质导电性：实验时，将两个电极分别插入盛有食盐晶体、食盐
溶液、氢氧化钠晶体、氢氧化钠溶液、无水硫酸、硫酸溶液、硝酸钾晶体、
硝酸钾溶液、熔化的硝酸钾、蔗糖晶体、蔗糖溶液、酒精溶液、蒸馏水的
容器中，观察灯泡是不是发光，可测知该物质能不能导电。

实验结果表明，食盐、氢氧化钠、硝酸钾、无水硫酸等不能导电，蒸
馏水也几乎不能导电，可是把这些不导电的物质溶解在导电能力极弱的水
里，其溶液却都能导电。硝酸钾不但在溶液里能够导电，它在熔化状态下
也能够导电（食盐、氢氧化钠也是这样）。至于蔗糖、酒精，无论是它们的

66

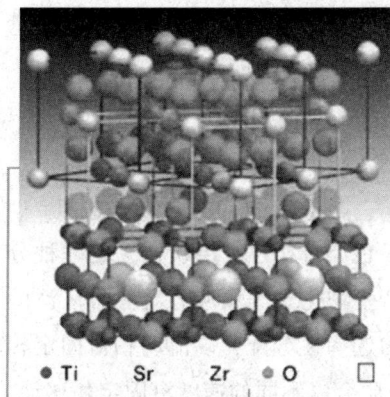

● Ti   Sr   Zr   ● O   □

超晶格电解质材料结构图

纯净物还是水溶液都不能导电。

凡是在水溶液里或溶化的状态下能够导电的化合物叫做电解质。食盐、氢氧化钠、硝酸钾、无水硫酸以及其他酸、碱、盐等都是电解质。在上述情况下不能导电的化合物叫做非电解质。蔗糖、酒精以及大多数有机化合物都是非电解质。

对电解质在溶液里的导电性和其他行为，经过瑞典化学家阿累尼乌斯（1859～1927）进行多方面研究，于1887年提出了电离理论。要其点如下：

（1）电解质溶于水中时，立即离解成2种带电的微粒，叫做离子，一种是带正电荷的阳离子，另一种是带负电荷的阴离子。在一溶液中，阳离子所带正电量的总和与阴离子所带负电量的总和相等，因而整个溶液是电中性。

例如食盐（氯化钠）溶解于水时，即离解成带正电荷的钠离子与带负电荷的氯离子，它们所带正、负电量相等，整个食盐溶液呈电中性。

（2）离子带有电荷，它与中性原子或分子的性质完全不同。例如金属钠遇水能发生剧烈反应；而钠离子可以单独存在于水溶液中，和水不起反应。氯气呈黄绿色，有刺激性气味，有毒；而氯离子却无色、无臭，也没有毒。

（3）当溶液接通直流电源时，离子便开始在溶液中沿着2个相反方向移动。阳离子移向阴极，阴离子移向阳极，并分别在电极上放电，变成中性原子。例如当食盐溶液通电时，钠离子移向阴极放电，变成中性钠原子，钠原子再与水起反应生成氢氧化钠，并在阴极上放出氢气。同时，氯离子移向阳极放电，变成中性氯原子，氯原子再结合成氯分子，在阳极上放出氯气。阿累尼乌斯电离理论的重要之处，在于它确定了电解质在溶液中的离解，并非由于电流的作用。在没有通入电流以前，溶液中就已存在有带电的离子，这种现象叫做电离。通入电流，只是使离子移向电极，并在电极上放电。正是由于带电离子在溶液中的定向移动，从而起着传导电流的作用。

色谱法

色谱法又称色谱分析、色谱分析法、色层分析法、层析法，是一种分离和分析方法，在分析化学、有机化学、生物化学等领域有着非常广泛的应用。色谱法利用不同物质在不同相态的选择性分配，以流动相对固定相中的混合物进行洗脱，混合物中不同的物质会以不同的速度沿固定相移动，最终达到分离的效果。色谱法起源于20世纪初，50年代之后飞速发展，并发展出一个独立的三级学科——色谱学。历史上曾经先后有2位化学家因为在色谱领域的突出贡献而获得诺贝尔化学奖，此外色谱分析方法还在12项获得诺贝尔化学奖的研究工作中起到关键作用。

1906年俄国植物学家米哈伊尔·茨维特用碳酸钙填充竖立的玻璃管，以石油醚洗脱植物色素的提取液，经过一段时间洗脱之后，植物色素在碳酸钙柱中实现分离，由一条色带分散为数条平行的色带。由于这一实验将混合的植物色素分离为不同的色带，因此茨维特将这种方法命名为Хроматография，这个单词最终被英语等拼音语言接受，成为色谱法的名称。汉语中的色谱也是对这个单词的意译。

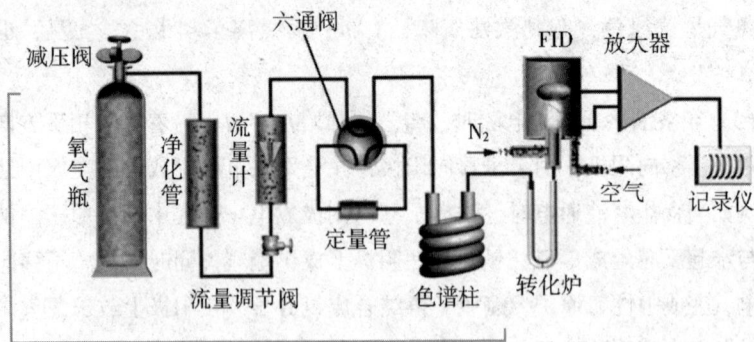

色谱法仿真图

茨维特并非著名科学家，他对色谱的研究以俄语发表在俄国的学术杂志之后不久，第一次世界大战爆发，欧洲正常的学术交流被迫终止。这些因素使得色谱法问世后 10 余年间不为学术界所知，直到 1931 年德国柏林威廉皇帝研究所的库恩将茨维特的方法应用于叶红素和叶黄素的研究，库恩的研究获得了广泛的承认，也让科学界接受了色谱法，此后的一段时间内，以氧化铝为固定相的色谱法在有色物质的分离中取得了广泛的应用，这就是今天的吸附色谱。

1938 年阿切尔·约翰·波特·马丁和理查德·劳伦斯·米林顿·辛格准备利用氨基酸在水和有机溶剂中的溶解度差异分离不同种类的氨基酸，马丁早期曾经设计了逆流萃取系统以分离维生素，马丁和辛格准备用两种逆向流动的溶剂分离氨基酸，但是没有获得成功。后来他们将水吸附在固相的硅胶上，以氯仿冲洗，成功地分离了氨基酸，这就是现在常用的分配色谱。在获得成功之后，马丁和辛格的方法被广泛应用于各种有机物的分离。1943 年马丁以及辛格又发明了在蒸汽饱和环境下进行的纸色谱法。

1952 年马丁和詹姆斯提出用气体作为流动相进行色谱分离的想法，他们用硅藻土吸附的硅酮油作为固定相，用氮气作为流动相分离了若干种小分子量挥发性有机酸。

气相色谱的出现使色谱技术从最初的定性分离手段，进一步演化为具有分离功能的定量测定手段，并且极大地刺激了色谱技术和理论的发展。相比于早期的液相色谱，以气体为流动相的色谱对设备的要求更高，这促进了色谱技术的机械化、标准化和自动化；气相色谱需要特殊和更灵敏的检测装置，这促进了检测器的开发；而气相色谱的标准化又使得色谱学理论得以形成色谱学理论中有着重要地位的塔板理论和范第姆特方程；另外，保留时间、保留指数、峰宽等概念都是在研究气相色谱行为的过程中形成的。

色谱过程的本质是待分离物质分子在固定相和流动相之间分配平衡的过程，不同的物质在两相之间的分配会不同，这使其随流动相运动速度各不相同；随着流动相的运动，混合物中的不同组分在固定相上相互分离。根据物质的分离机制，又可以分为吸附色谱、分配色谱、离子交换色谱、凝胶色谱、亲和色谱等类别。

最具影响力的化学著作

沈括和他的《梦溪笔谈》

沈括（1031～1095），吴兴（今浙江杭州）人，出身于官僚家庭，于嘉佑七年（1062）中进士。沈括一生仕途坎坷。但在迭荡的一生中，沈括却在我国古代石油开发、制盐和炼铜技术上，做出了杰出贡献。英国科学史

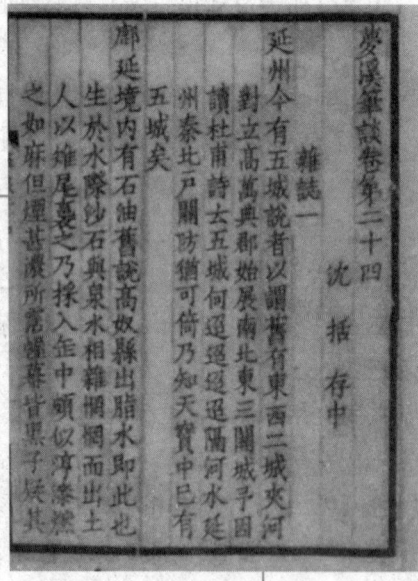

《梦溪笔谈》

家李约瑟赞许沈括是"中国整个科学史中最卓越的人物"，赞许他的著作《梦溪笔谈》是"中国科学史中最卓越的论著"。

沈括一生博学多艺，这与他一生都能够不为外界干扰所动，始终孜孜不倦地探索自然规律，献身科学研究的精神是分不开的。青少年时期，沈括随其父经历过许多地方，使他有机会耳闻目睹人民的各种创造。更重要的是，他随时留心观察，注意探索自然界的客观规律。沈括曾历任昭文馆校勘、提举司天监事等职，得以博览群书。沈

括的仕途屡次遇谪，但无论官居大小，他都能坚持科学研究在任三司使时，他亲临盐场，调查各地食盐生产情况，研究和总结了食盐生产经验，大大提高了食盐产量，为缓解当时食盐官卖和私卖的矛盾做出了巨大的贡献。

元丰三年（1080）五月"知审官西院，御史满史行诬，沈括改知青州，后七日，改知延州"，一月之内，两度贬谪，这是沈括为官生涯中暗淡的时光。然而，在此期间，他居然能承受住如此打击，去考察鄜延境内的石油，试制油烟墨成功，可以想象当时实验条件的艰辛不亚于炼制沥青制取镭的居里夫妇当时所处的环境。一个封建社会的官僚，对科学研究如此痴情，在当时的士大夫当中是罕见的。

沈括的科学成就是多方面的，其中有不少创见和新说，他之所以能达到这样高的造诣，同他所处时代科学技术的发展状况以及他本人的科学思想与治学方法有密切关系。在对自然界客观事物的实地考察，对研究对象长期的仔细的观测以及科学实验工作的基础上，沈括应用合理的逻辑推理的方法，即所谓"原其理"或"以理推之"，从而引出符合科学的结论，这是沈括的科学思想与治学方法的精髓所在。我们在沈括的《梦溪笔谈·卷廿六·药议》中可以看到沈括细致入微地观察

沈 括

和研究了矿物结晶，从对太阴玄精（即龟背石）的研究中，阐明了矿物晶体的比较和鉴别。这种利用矿物晶形、颜色、光泽透明度、解理以及加热后的变化等矿物鉴别方法，在现代研究晶体化学中仍在应用，这是对我国古代科学技术的一个创造性贡献。再如古代的炼丹术对我国化学的发展起过积极的作用，但也产生过消极的影响。对炼丹术，沈括采取了分析的

态度；从古代旧的传统观念看来，"朱砂良药吃了能长生不老"，可是沈括却记载有人误服丹砂"一夕而毙"。从这里，沈括得出的结论说："既能变而为大毒，岂不能变而为大善？"阐明了"大毒"与"大善"在一定条件下可互相转化的辩证思想。

翻开《梦溪笔谈》，可以看到有关化学方面的记载，体现了沈括注重自然科学为生产实践服务的思想，其中尤以反映在石油开发、制盐和炼铜上最为明显。

沈括用石油烟墨代替松墨，亲自动手实验获得成功，开辟了石油利用的新途径，为以石油族类为原料的碳黑工业奠定了早期的实验基础。沈括还预言："此物后必大行于世。"现在，以石油或石油气为原料制取的碳黑，更加广泛地应用于制墨、油漆、橡胶等工业。

铜是我国古代铸钱的主要金属原料。对铜的生产，沈括历来十分关心。在《笔谈卷廿五·杂志二》中记载："信州铅山有苦泉，流以为涧，杞其为熬之，则成胆矾，烹胆矾则成铜；熬胆矾铁釜，久之亦化为铜。"这一条记述了铁与硫酸铜溶液的反应，这说明了我们祖先早在宋朝，就已发现了金属活性差异。

沈括 57 岁被贬润州，在今江苏镇江定居，买下了一座园子，起名"梦溪园"，声称此园和他青年时梦中园子相似。在该园中沈括写下了不朽名著《梦溪笔谈》，该书耗尽了他的精力。成书后不久，沈括便离开了人世，结束了他沧桑的一生。

《梦溪笔谈》采用笔记体形式，将沈括一生积累起来的各种知识分条记录下来，共 609 条。按李约瑟的辑录，207 条属自然科学知识，包括物理、化学，天文历法等 14 类，是我国科学史的珍贵文献，从许多侧面反映了那个时期的科技水平，向全世界展示了中国古代的辉煌文明。无怪乎李约瑟称赞《梦溪笔谈》为中国科学史中最卓越的论著。

宋应星与《天工开物》

宋应星（1587～1667），字长庚，江西省奉新县雅溪乡人。他是我国明代著名的科学家，其所著《天工开物》一书，是我国和世界科学史上的一部有关农业和手工业技术的百科全书。

宋应星出身于一个日趋衰落的地主家庭。为重振门风，他走上科举之路，不想竟"五上公车不弟"，于是毅然放弃科举仕途，转向研究"与功名进取毫不相关"的"家食之问"即实学。

宋应星的传世之作《天工开物》，书成于崇祯十年（1637），全书共18卷。按"贵五谷而贱金玉"的指导思想，宋应星将全书分为乃粒、乃服、彰施（染色）、粹精（粮食加工）、作咸、甘嗜（制糖）、陶诞、冶铸、舟车、锤锻、燔石（焙烧）、膏液（油脂）、杀青（造纸）、五金、佳兵（兵器）、丹青、勋蘖（制曲）、珠玉诸卷。《天工开物》内容十分丰富，涉及当时的农业、手工业、交通运输和国防等几个主要部门，插图有122幅，图文并茂地记述了当时明末居于世界先进水平的技术成就、科学创造和生产方法。

《天工开物》是我国科技史上第一部关于农业与手工业生产技术工艺的综合性百科全书。我国封建社会的传统观念是重农轻工商，这也使得科技史上关于农业书籍不少，而关于手工业的著作不多。与《天工开物》相近时间问世的《农政全书》、《徐霞客游记》以及《本草纲目》各自偏重于农、地理、医药方面；独有《天工开物》一书，不但系统地总结了我国传统农业技术成就，而且也系统地总结了我国传统手工业的技术成就。以后在清朝康熙时官方编写的《古今图书集成·经济汇编·考工典》对手工业技术内容，很多就是从《天工开物》里全文照录下来的。

由于宋应星在撰写《天工开物》之时，家境已非常贫困，"缺陈思之馆"，"乏洛下之资"，无法与西方科技知识人士相接触，因此他受到当时传入中国的西方科技影响是很小的。他主要是利用家乡及附近沿海省份农业、手工业比较兴盛，乡人及朋友经营工商业者较多的有利条件，亲身闻睹，写成《天工开物》的。该书反映的绝大部分是我国固有的传统农业、手工业生产工艺和操作技术。当然，此外也有少量的外来技术，如日本刀、朝鲜纸、红夷炮等。

《天工开物》是一本注重试验和数据的佳作。为著作此书，宋应星身体

《天工开物》插图

力行地把其见闻当作写书的途径，把试验与否当作写书的取舍，把试验数据当作写书的材料。如在《膏液》一卷中他只列举了10多种油料作物的榨油率，而"其他未穷究试验与夫一方已试而他方未知者，尚有待云。"又如，《燔石》卷中他指出砒霜"生人食过分厘立死"，这与近代研究出来的数据相一致，这些都反映了宋应星治学严谨的科学观念。另外，宋应星还勇于创新，发前人之所未发，育胸人之所未言，取得了一些突出的科学成就。在《乃粒》卷中，他记录了不少先前农书中未曾记录的新技术；在《燔石》卷中，他记录了用砒石作为农药，这是中国农业技术史中的一大发明。

《天工开物》也是一本充满朴素唯物主义自然观和技术观的好书。要认识科技和生产，就必须冲破正统的唯心主义羁绊，按照自然的本来面目去认识自然与改造自然。宋应星把这本巨作命名为《天工开物》，表明他强调天工（自然力），又重视人工的改造能力（开物）。诚然，由于时代和认识的局限性，《天工开物》不可避免地存在缺点和不足。然而，从总体上看，《天工开物》具有较高的科学性与思想性，至今仍是一本珍贵的科学史上的无价巨著。

化学史上的里程碑——《怀疑派的化学家》

波义耳（1627～1691），1627年1月生于爱尔兰沃特福德郡的莱斯摩尔城堡，是当时英国最富有的人"伟大的科克伯爵"理查德·波义耳的第七个儿子。波义耳是爱尔兰自然哲学家，在化学和物理学研究上都有杰出贡献。他童年体弱但早慧，学会拉丁语和法语。8岁进入他父亲朋友任教务长

化学家波义耳

的伊顿公学。在伊顿期间他不喜欢参加体育锻炼并且常常生病。3 年之后他在法国家庭教师陪伴下出国学习，在日内瓦度过了 2 年。1641 年前往意大利佛罗伦萨，研究伽利略的天文学著作与实验。1643 年理查德·波义耳死于战争，为他留下了多西特庄园和遗产。1644 年他回到爱尔兰看守庄园，同时开始了他的科学研究。

1646 年波义耳应邀加入了由威尔金斯组织的群众性科学社团——"哲学学会"（又称无形学院）。这一社团成员常常在波义耳的庄园聚会交流。1648 年克伦威尔任命威尔金斯主持对牛津大学的改革，威尔金斯邀请波义耳到牛津去工作。1654 年波义耳前往牛津，在自己的祖传领地上建立了实验室，聘请罗伯特·胡克为助手开始对气体和燃烧进行研究。

1657 年他在罗伯特·胡克的辅助下，对奥托·格里克发明的气泵进行改进。1659 年制成了"波义耳机器"和"风力发动机"。接下来他用这一装置对气体性质进行了研究，并于 1660 年发表对这一设备的研究成果。这一论文遭到一些人反对。为了反驳异议，波义耳阐明了在温度一定的条件下气体的压强与体积成反比的这一性质。法国

罗伯特·胡克

物理学家马略特得到了同样的结果，但是一直到 1667 年才发表。于是在英语国家，这一定律被称为波义耳定律，而在欧洲大陆则被称为马略特定律。

1661 年波义耳出版了《怀疑派的化学家》，在这部著作中波义耳批判了一直存在的四元素说，认为在科学研究中不应该将组成物质的物质都称为元素，而应该采取类似海尔蒙特的观点，认为不能互相转变和不能还原成更简单的东西为元素，他说："我说的元素……是指某种原始的、简单的、一点也没有掺杂的物体。元素不能用任何其他物体造成，也不能彼此相互造成。元素是直接合成所谓完全混合物的成分，也是完全混合物最终分解成的要素。"而元素的微粒的不同聚合体导致了性质的不同。

由于波义耳在实验与理论两方面都对化学发展有重要贡献，他的工作为近代化学奠定了初步基础，故被认为是近代化学的奠基人。虽然他的化学研究仍然带有炼金术色彩，但他的《怀疑派的化学家》一书仍然被视作化学史上的里程碑。

76

拉瓦锡与《化学基础》

拉瓦锡（1743～1749）出生在一个律师家庭。1754～1761 年在马萨林学院学习。家人欲要他当律师，但他本人却对自然科学更感兴趣。1761 年他进入巴黎大学法学院学习，获得律师资格。课余时间他继续学习自然科学，从鲁埃尔那里接受了系统的化学教育和对燃素说的怀疑。1764～1767 年他作为地理学家盖塔的助手，进行采集法国矿产、绘制法国地图的工作。在考察矿产过程中，他研究了生石膏与熟石膏之间的转变，同年参加法国科学院关于城市照明问题的征文活动获奖。1767 年他和盖塔共同组织了对阿尔萨斯——洛林地区的矿产考察。1768 年，25 岁的拉瓦锡成为法兰西科学院院士。

1787 年之后拉瓦锡社会职务渐重，用于科学研究时间较少。主要进行化学命名法改革、自己研究成果的总结和新理论的传播工作。他先与贝托莱等人合作，设计了一套简洁的化学命名法。1787 年他在《化学命名法》中正式提出这一命名系统，目的是使不同语言背景的化学家可以彼此交流，其中的很多原则加上后来柏济力阿斯的符号系统，形成了至今沿用的化学命名体系。接下来，他总结了自己的大量的定量试验，证实了质量守恒定律。这个定律的想法并非他独创，在拉瓦锡之前很多自然哲学家与化学家都有过类似观点，但是由于对实验前后质量测试的不准确，有些人开始怀疑这一观点。1740 年俄罗斯化学家罗蒙诺索夫曾精确地进行了测定，并且提出了这一定律的描述，但是由于莫斯科大学处于欧洲科学研究的中心之外，所以他的观点没有被人注意到。

基于氧化说和质量守恒定律，1789 年拉瓦锡发表了《化学基础》这部集他的观点之大成的教科书，在这部书里拉瓦锡定义了元素的概念，并对当时常见的化学物质进行了分类，总结出 33 种元素（尽管一些实际上是化合物）和常见化合物，使得当时零碎的化学知识逐渐清晰化。在该书实验部分中，拉瓦锡强调了定量分析的重要性。最重要的是拉瓦锡在这部书中成功地将很多实验结果，通过他自己的氧化说和质量守恒定律的理论系统，进行了圆满的解释。这种简洁、自然而又可以解释很多实验现象的理论系统，完全有别于燃素说的繁复解释和各种充满炼金术术语的化学著作，很快产生了轰动效应。坚持燃素说的化学家如普利斯特里对其坚决抵制，但是年轻的化学家非常欢迎，这部书也因此与波义耳的《怀疑派的化学家》一样，被列入化学史上划时代的作品。到 1795 年左右，欧洲大陆已经基本接受拉瓦锡的理论。

道尔顿与《化学哲学新体系》

1804 年夏天，当时在英国已颇有名气的化学家托马斯·汤姆逊拜访了道尔顿。道尔顿向他介绍了自己的原子论，汤姆逊极为欣赏，他抓紧时间，在 1807 年出版的他所著的《化学体系》一书中，宣传了道尔顿的原子论，从而使这一理论为其他化学家所认识。

道尔顿自己的著作《化学哲学新体系》从 1808 年开始才陆续问世。这一名著分 2 卷，第一卷又分上下两册。在第一卷上册中，他主要论述了物质的结构，详尽地阐明了原子论的由来和发展，包括他关于原子论的基本观点。第一卷下册于 1810 年出版，它的内容主要是结合化学实验的事实，运用原子理论对一些元素和化合物的组成、性质作介绍。第二卷直到 1827 年才出版，它重点叙述金属氧化物、硫化物以及合金的性质，把原子论的思想做了进一步的发展。

最早提出原子论的是古希腊哲学家德谟克利特（公元前 476～前 370），他认为物质是由许多微粒组成的，这些微粒叫原子，意思是不可分割。许多后人都接受了德谟克利特的观点，但是他们的假定只是凭想象并无实验根据。近代科学巨人牛顿也是一位原子论者，但他笔下的原子乃是一些大小不同而本质相同的微粒。道尔顿的原子论就不一样，他认为相同元素的原子形状和大小都一样，不同元素的原子则不同，每种元素的原子质量都是固定不变的，原子量是元素原子的基本特征。相比之下，可以发现道尔顿的原子论有了本质的发展。

道尔顿原子论所提出的新概念和新思想，很快成为化学家们解决实际问题的重要理论。首先用它清晰地解释了当时正被运用的定比定律、当量定律。同时这一理论使众多的化学现象得到了统一的解释。特别是"原子量"的引入，原子质量是化学元素基本特征的思想，引导着化学家把定量研究与定性研究结合起来，从而把化学研究提高到一个新的水平。革命导师恩格斯评价说："在化学中，特别感谢道尔顿发现了原子论，已达到的各种结果都具有了秩序和相对的可靠性，已经能够有系统地，差不多是有计划地向还没有被征服的领域进攻，可以和计划周密地围攻一个堡垒相比。"

道尔顿的原子论不仅在英国化学界，而且在整个科学界引起了重视和推崇。1816 年法国科学院选道尔顿为外国通讯院士。1822 年在没有征求道尔顿本人意见的情况下，英国皇家学会增选他为会员。其后他先后被聘为柏林科学院名誉院士、莫斯科自然科学爱好者协会名誉会员、慕尼黑科学院名誉院士。对此道尔顿没有丝毫兴趣，他仍然像过去一样，将自己的热情和精力奉献给科学，继续从事原子论的研究，测定各种元素的原子量，继续过着那朴实而紧张的隐居式生活。道尔顿的清贫生活，特别是那简陋的住房和艰苦的工作条件，使慕名而来访的科学家感到意外。由于他们的大声呼吁，英国政府才在 1833 年关心起道尔顿的生活，决定每年给他 150

英镑的微薄的养老金，以供他晚年生活。

1837 年 4 月，他刚过 70 岁，不幸中风，后经治疗病情有所好转，便又像往常那样继续工作。直到 1844 年 7 月 26 日晚，他还用发抖的手记下最后一篇气象日记。第二天清晨，他就像婴儿入睡一样静静地长眠了，享年 77 岁。对道尔顿的逝世，曼彻斯特市民们感到非常悲痛，当时的市政厅立即做出决定，授予这位科学家以荣誉市民的称号，将他的遗体安放在市政厅。4 万多市民络绎不绝地前去致哀。1844 年 8 月 12 日公葬时，有 100 多辆马车送葬，数百人徒步跟随，沿街商店也都停止营业，以示悼念。一位终身未娶、没有后人也没有钱财的普通市民，在死后能获得这种非同寻常的礼遇，可见人们对道尔顿的崇敬。

奥斯特瓦尔德与《普通化学概论》

1853 年奥斯特瓦尔德出生于利沃尼亚地区的里加（当时属于俄罗斯帝国管辖，现为拉脱维亚首都），父亲是一个箍桶匠，母亲是面包师的女儿，两人都是波罗的海德国人。奥斯特瓦尔德是他们的次子。奥斯特瓦尔德少年时被送入自然科学教育和实用技术并重的一所文实中学进行学习，这使得他比较早的接触到了自然科学知识。1872 年 1 月他进入利沃尼亚地区历史最悠久的多帕特大学（现名塔尔图大学，属爱沙尼亚）就读，在化学家卡尔·施密特和施密特的助手的影响下对化学产生了浓厚的兴趣，学会了有机化学与分析化学中常用的各种定量分析方法和关于化学亲和力、化学平衡和反应速率方面的基本原理。

1875 年大学毕业后，奥斯特瓦尔德留在多帕特大学，在物理学家阿瑟·范·奥丁根的指导下，进行了各种物理分析手段的训练，这奠定了他之后一直坚持的研究方向与方法：结合物理手段与化学分析来进行科学研究。他开始对丹麦物理学家尤利乌斯·汤姆森提出的通过测量反应放出的热量来比较化学亲和力的假设产生兴趣。他希望类似的通过测量化学过程中的体积变化和折射率的变化来比较物质的化学亲和力，为此他做了大量的实验，在 1878 年底以《体积化学与光化学研究》的论文取得博士学位。

奥斯特瓦尔德

奥斯特瓦尔德在这一阶段所做的独创性研究，使得他的研究工作开始被科学界所重视。

1881 年奥斯特瓦尔德回到里加，担任里加综合技术学院（现里加技术大学）的化学教授。他开始建立实验室和开展他感兴趣的化学动力学的研究工作，希望通过比较化学反应的速率来比较各种物质的化学亲和力，为此他在 1883 年 1 月对欧洲大陆的先进实验室进行了考察，并和当时一流的化学家亥姆霍兹和拜耳等人进行了交流。

1884 年他读到了乌普萨拉大学博士生斯凡特·奥古斯特·阿伦尼乌斯的毕业论文。阿伦尼乌斯在论文中提出了电离假设，不被教授们接受，只得到了很低的分数。奥斯特瓦尔德则很感兴趣，当年夏天，已经在化学界小有名气的奥斯特瓦尔德前往瑞典和阿伦尼乌斯见面，这被认为是对初生的电离理论的支持。1885 年起奥斯特瓦尔德设计和进行了大量实验，提出通过测量电导来估计弱酸弱碱在稀溶液中的电离度的方法。

奥斯特瓦尔德在里加的另一个重要工作是编写与翻译化学著作。他从1880 年开始写作《普通化学概论》这一教科书，并不断希望用新的物理化学进展来诠释其中的概念。同时他努力宣传阿伦尼乌斯和荷兰物理化学家雅各布斯·亨里克斯·范托夫关于化学动力学的工作，这些著作出版后大受欢迎，但也受到不少学者的反对。当时欧洲大陆很多学者囿于有机化学和分析化学的经验，认为只有发现元素和合成新物质是化学家的工作，而称奥斯特瓦尔德等人为"离子家"。面对这种责难，奥斯特瓦尔德创办了世界第一种物理化学期刊《国际物理化学与化学物理研究》，努力将物理化学从有机化学和分析化学中独立出来。

最早译成中文的两部分析化学书

近代化学知识传入我国，大体说来是从 19 世纪 30 年代就开始的。清道光十五年（1835 年）丁守存曾著《造化究原》和《新火器说》两部书。后来在 19 世纪 50 年代，第一部部分地介绍化学知识的书《博物新编》出版。在《博物新编》之后，不久出版了韦廉森的《格物探原》、丁韪良的《格物入门》以及其他一些《化学启蒙》、《化学须知》、《化学指南》、《化学入门》等一类只讲浅近的普通化学知识的书。一直到 19 世纪 70 年代，徐寿等人方才开始系统地翻译化学书籍，不但有了如《化学鉴原》等普通化学书，而且大约从 1884 年起，开始有了分学科的分析化学等书籍的编译出版。

19 世纪中期，世界上最杰出的分析化学家卡尔·雷米格乌斯·富里西尼乌斯曾经写过 2 部分析化学书：一部是《定性分析化学导论》；另一部是《定量分析导论》。这 2 部书分别由徐寿等人译成中文，前者名《化学考质》，后者名《化学求数》。这 2 部书约在 1884 年出版，是译成中文介绍到我国来的 2 部最早的分析化学书。这 2 部书里所用的名词，当然和现用的有很大差异，如称元素为"原质"、化合物为"杂质"等。

《化学考质》的德文初版是在 1841 年出版的；《化学求数》的德文初版是在 1846 年出版的。它们是 19 世纪最有名的 2 部分析化学书籍，曾经先后出版了十几版。富里西尼乌斯于 1818 年 12 月 28 日出生在德国美因河畔法兰克福城的一个商人家庭。他读完中学后，在药铺里担任了几年学徒，后来进入波恩大学读化学，在那里获得博士学位。

1841 年，他 23 岁时开始在吉森大学担任讲师。当时最有名的化学家李比希在该校任教授，李比希辅导富里西尼乌斯参加了大量的化学实验工作。根据 19 世纪欧洲高等学校的传统，每一个系基本上只有一位正教授，李比希在世时，富里西尼乌斯不可能任吉森大学的教授。

因此，他不得不到别的学校去工作，才能提升为教授。由于富里西尼乌斯做了很多重要化学研究，并且发表了相当数量的论文，所以他在化学界有了名，于是威斯巴登农业大学于 1845 年聘请他担任正教授。可是在这所农业大学里，当时并没有像样的实验室，于是富里西尼乌斯在自己家里设立了一个比较好的实验室。他带领着一批助教和学生，在这里进行实验工作。这个私人实验室很有名，当时许多德国的工业公司都请富里西尼乌斯帮助解决问题。

在这座实验室里进行实验工作的学生，都得到普鲁士政府的承认，可以授予博士学位。这个实验室对于分析化学的发展起了很大的作用，至今还存在于维斯巴登，现名为"富里西尼乌斯研究所"，仍由富氏的后代主持。

1862 年，富里西尼乌斯创办了《分析化学学报》，他担任总编辑，一直到他 1897 年 6 月 11 日去世为止。当时全世界本来只有专载全面的各类化学论文的几种期刊，而《分析化学学报》却是最早的专载化学一个分支学科论文的期刊，该刊至今还在定期出版，而且是国际上负有盛名的科学刊物。富里西尼乌斯的《定性分析化学导论》初版是 1841 年出版的，在 10 年之内共修订出版了 7 版，可见这部书在当时是很受重视的。富里西尼乌斯逝世以后，还继续出版到 16 版之多。这本书曾经被译成中文、英文、法文、意大利文和俄文。

富里西尼乌斯在定性分析系统中，把金属分成 6 组：

第一组包括钾、钠和铵，这些元素的硫化物和碳酸盐都能溶解于水，它们的氧化物的水溶液使红色的石蕊试纸变蓝色。

第二组包括氧化钡、氧化锶、石灰和氧化镁，它们不容易溶解；但是镁、钙、锶、钡的硫化物却能溶解于水，它们可以与碳酸根和磷酸根发生沉淀。

第三组的氧化铝和氧化铬不溶解于水，不被硫化氢沉淀，但容易被硫化铵沉淀。

第四组中，锌、锰、镍、钴和铁的化合物在酸性溶液中都不能被硫化氢沉淀；可是在碱性溶液中，它们的硫化物容易发生沉淀。

第五组中，银、汞、铅、铋、铜和镉的氧化物，都能与硫化氢在中性、酸性或碱性溶液中发生沉淀。

第六组中，金、铂、锑、锡、砷的氧化物在酸性溶液中可以被硫化氢沉淀，但是这些硫化物能溶解在硫化铵中。

我们可以看出，富里西尼乌斯将金属分组的方法，基本上和现用的相似，所不同的是他的第一组成了现在的最后一组，各组的顺序，正好是倒过来的。

富里西尼乌斯对于每个学生规定所用的仪器，基本上也和后来学生学定性分析时所用的相同。当然，现在所用的定性分析，大都已经达到半微量分析的方法，并且已经大量使用有机试剂了。

在富里西尼乌斯的时代，电离学说还没有出现（这一学说是到了1883年以后，才由阿累尼乌斯首创的）。在没有电离学说之前，富里西尼乌斯能建立起这样的定性分析系统，是很不容易的。

富里西尼乌斯的《定量分析导论》是1848年初版的，后来也修订出版了好多次新版本。他十分重视叙述实验的详细方法，所以这部书也被翻译成中、英、法、意、俄等种文字。富里西尼乌斯的声望很高，从19世纪40年代起，在分析化学界，是十分受人尊敬的。

富里西尼乌斯有两个儿子H·富里西尼乌斯和W·富里西尼乌斯以及一个孙子L·富里西尼乌斯，都继承了他的事业，也都是有名的分析化学家。至今他的分析化学刊物，已出版了300多卷，改称为《富里西尼乌斯分析化学杂志》，现任杂志主编是他的重孙之一。因此，不但富里西尼乌斯本人是分析化学史上最有名望的科学家，而且他的后代中也还不断地有许多杰出的化学工作者出现。

富里西尼乌斯不但重视化学分析，同时还使化学分析这一学科成为许多工业不可缺少的一个部门。他本人在世时，就使分析化学起了解决工业原料和产品的重要分析工具的作用。

富里西尼乌斯获得过许多荣誉，他曾担任过全德科学和艺术学会的几任会长，又是德国化学会的荣誉会员。在1961年，西德的化学会特别设置了富里西尼乌斯奖金，每年奖励世界各国对于分析化学有特殊贡献的人才。

尽管100多年来，分析化学已有了很大的发展，可是回顾起来，富里西尼乌斯在当时分析化学上的贡献却是十分巨大的。我国在19世纪80年代就翻译了他的著作——《化学考质》和《化学求数》，这促进了定性分析和定量分析在我国的发展。

最具影响力的化学发明和应用

火 药

火药是我国四大发明（火药、造纸术、指南针、活字印刷版）之一，具有几千年的历史。火药是谁发明的？为什么把它叫做火药？为了说清这问题，得先从我国的炼丹术谈起。

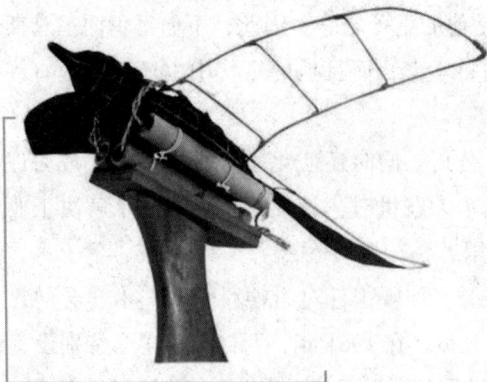

古代火药应用

炼丹术是我国古代炼制所谓长生不老药的"方术"（带有神秘性的法术），从事这种炼丹的人起初叫"方士"，后来叫"道士"或"丹家"。自公元前2世纪到公元8世纪这段时期（即自汉魏到隋唐），由于帝王们的支持和提倡（如汉武帝就是一个迷醉于求仙炼药的人），这种炼丹术就盛极一时，炼丹方士也就应运而生，其中突出的如李少君、魏伯阳、刘安、葛洪等。火药的起源与炼丹术有着密切的关系，是炼丹方士在炼丹时遇见意外的现象而发展起来的。

炼丹方士把1种或几种药料（当时一般以金属及矿物居多），在一定火候下进行烧炼，使它们失去原来的性质而具有不同的功用，这一过程炼丹术里叫作"伏火法"。他们认为药料必须经过"伏火"，否则不能合用。唐初孙思邈的《丹经》里就有"伏硫磺法"，用硫磺二两、硝石二两，放在锅里，签后放进燃着的皂角子，它们就燃烧起来而发生火焰，等到火焰停止，就称它已"伏火"了。中唐以后，在某些炼丹书里，有的提到过"伏硝石法"。还有的提出"伏火矾法"，用硝石、硫磺各二两和马兜铃三钱半进行"伏火"。不管怎样，硫磺与硝石混和也好，硝石与木炭混和也好，硫磺、硝石与木炭（前面所提到的皂角子、马兜铃燃点起来都生成炭）混和也好，它们一经点火都能燃烧。这些药料的混和物（尤其是上列第三种方法）实际上已逐渐接近于火药的成分。由于所炼的这些药料容易着火燃烧，因此方士们就把"能着火的药"叫做"火药"。

现在的火药已经不是1000多年前的火药，它是从那时的火药发展而来的。当时用于不同火器的各种火药的主要成分都少不了硝石（KNO_3）、硫磺（S）和木炭（C），它们的比例也都大同小异。

由于这种火药是黑色的粉末，燃烧时会产生烟，所以叫"黑火药"，又叫"有烟火药"。

在晚唐时期，我国已用火药来制造"飞火"、"火炮"等火攻武器。宋朝（960～1279）火药的发

硫磺

展很快，宋太祖灭南唐时曾用制造成的"火炮"、"火箭"；宋真宗时更能用火药制造"火毬"、"火蒺藜"等。宋初曾公亮等所编的《武经总要》里，已记载了各种火药的详细配方。到了金（1115～1234）、元（1280～1368）时期，火药在武器上的应用更广更精，能制出各式各样的火器。从元朝末年到明朝初年，我国枪炮式火器又发展到一个相当高的水平。

火药是我国最先发明的，从 12 世纪起，先由南宋传入阿拉伯国家，然后传到欧洲。欧洲在 13 世纪下半叶，才从阿拉伯文的书籍里得到了火药的知识。在 14 世纪上半叶，欧洲的一些国家在战争中又获得使用火药进行火攻的方法。欧洲第一次提到火药的时间一说是在 1327 年，又一说是在 1285～1290年，总之比我国晚得很多。

造纸术

远古时期，我们的祖先还没有创造出文字，就用结绳（在绳子上打结）和画图（在地面上、石板上或在其他平面上画上粗略的图形）的办法来记载事物。殷商时期（前 1711～前 1066）才有甲骨文出现（在龟壳或兽骨上刻划一些类似形象的原始文字，叫甲骨文），殷周以后开始用竹简、木简（竹片、木片）作记事材料。其后，经过春秋、战国到秦、汉，我国文字逐渐达到统一。在这段时期里，书写文字的材料除用竹、木简外，同时还用蚕丝织成的"帛"（绸子）。帛虽然比较轻便，但成本太高，不能普遍推广。

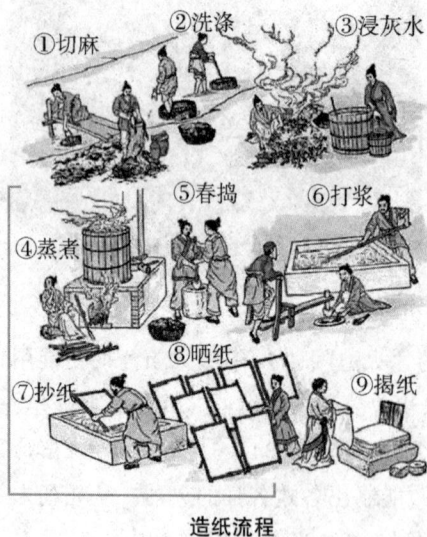

①切麻　②洗涤　③浸灰水
④蒸煮　⑤舂捣　⑥打浆
⑦抄纸　⑧晒纸　⑨揭纸

造纸流程

西汉时期（公元前 206～公元 25 年）又发明了用蚕茧外面的乱丝漂制成的片片来供书写。到了东汉时期，才有用植物纤维造出的纸。

1942 年在宁夏额济纳尔河畔发现的 2 片这样的纸，据考古学家的研究，认为这是东汉和帝时（公元 88 年左右）的遗物。这说明植物纤维纸在东汉时期就有了。可是 1957 年在西安东郊灞桥一座西汉古墓里又发现了一些古纸残片，这种残纸系由大麻纤维所组成，经考古家估计，这种灞桥纸的年代不会晚于武帝时期（前140～前88）。这说明植物纤维纸不是东汉时才有，而是西汉时就已经有了。

在此之前，人们公认纸是我国东汉时的蔡伦发明的。蔡伦是东汉和帝时的一个太监。他吸取前人造纸的经验，创造性地使用树皮、麻头、破布、破鱼网等作原料来造纸。他的方法得到全国普遍的使用，因而史书上就把他说成是纸的发明人。其实他是继承和总结前人的造纸经验而加以改进的。他的功劳确实很大。蔡伦造的纸当时叫作"蔡侯纸"。继蔡伦之后约80年，又有左伯造的纸10多种，叫"左伯纸"。这些纸在当时都是很著名的。

从三国、六朝一直到唐朝这段时期，我国造纸术有很大的进展，纸的质量也有显著的提高，纸的品种不下好几十种。宋、元以后，纸在民间更有广泛的应用，特别在我国活字版印刷发明之后，造纸事业更加发达。

明末宋应星著的《天工开物·杀青篇》记载造纸工艺，很是详细。关于造纸原料和纸类，他说：用楮树、桑树、木芙蓉树的皮造出的纸叫"皮纸"，用竹、麻造出的纸叫"竹纸"，祭祀用的纸叫"火纸"，包装用的粗纸叫作"包裹纸"。关于造竹纸、皮纸和还魂纸（即回抄纸）的方法，他也做了详细的介绍。

近代机器造纸的原理基本与此相似，不过使用机械代替手工，使用化学药品代替土法草灰，使用蒸汽代替火烘、日晒等。这样就缩短了操作时间，提高了生产效率。

大约从公元6世纪开始，我国的纸张和造纸术便先后流传到外国，东边传到朝鲜、日本，西边传到阿拉伯和欧洲，南边传到印度等地。地球上所有国家的造纸技术，可以说都是直接或间接从中国学去的。其造纸都比中国晚，有的晚了几百年，有的甚至晚了上千年。

总之，造纸术是我们祖先的重要发明之一，对于整个世界文化的发展，起着巨大的作用

麻 醉 剂

人类应用药物来减除病人的疼痛，已有很长的历史。但科学地对麻醉

药物（麻醉剂）的研究、应用和发展却在近 100 年。

我们祖国在很早以前，就有关于外科手术上使用麻醉药物的记载。在《后汉书·华佗传》里就记有这么一段文字，大意是：病发作在内部，针灸、服药不能达到的，就先给病人麻沸散，用酒送服，醉了就失去知觉；接着，用刀切开肚皮或背部，把积聚物（指已化脓的脓血）割除掉。如果是病在肠胃，就把肠胃切开，加以洗涤，除去病灶的污秽，然后把它缝合起来，四五天伤口就好了。这段话说明，在公元 200 年前后，我国外科鼻祖华佗就能用全身麻醉来施行外科手术。这是世界医药史上施用临床麻醉最早的一个人，所用麻沸散是最早的麻醉药物。可惜他的麻醉手术和麻沸散已经失传。

在 18 世纪以前，鸦片及曼陀罗（一种植物的果子）曾被广泛地作为药物而应用于麻醉方面，但是用它使人麻醉达到昏迷程度时，用量已远远超过了中毒的范围。因此，这两种药物并不是很好的麻醉约物。

1844 年，珂尔通以氧化二氮气体（笑气）在人身上试验，使人神志消失，效果良好，而且安全。1848 年，摩尔通采用乙醚，也得到满意的结果。从此以后，又有氯仿、可卡因、普鲁卡因等相继被应用在临床上。因此，严格说来，麻醉剂这一名称，是从 18 世纪中叶才开始有的。近代医学正式应用在临床上的第一个麻醉剂要推氧化二氮。如果以华佗的麻沸散当作最早的麻醉剂的话，那么，应用麻醉剂最早的要算我国。

陶　瓷

我国的陶瓷具有悠久的历史和很高的工艺水平。早在唐、宋时期我国的瓷器就传到外国，欧洲、亚洲的一些国家，就连很远的非洲也曾在地下发现过我国唐代的瓷器。

根据我国古书的记载和出土实物的考证，瓷器是由陶器慢慢发展起来的，而陶器的制造和应用却很早。陶器是从什么时期就有的呢？有些古书说神农时期（传说中的神农是公元前 3000 左右的人物）就已制作陶器，并设有"陶正"这个专管制陶的官。神农究竟有无其人，还是个问题，这些资料只能当作传说罢了。但在公元前 2000 多年（殷商时代或更早一些），

中国陶瓷

我国人民即会制造陶器，却是事实。

1921 年在河南渑池县仰韶村的史前人类遗址，就发现了古代粗质陶器——彩陶。这种粗陶多数是灰色，外表呈红色，上面还画着古朴的彩色花纹。这种彩陶是公元前 2200～前 1800 年间的制品。

彩陶在我国发现的地区很广，1923 年和 1924 年又陆续地在东北的锦西、西北的甘肃洮河流域以及青海的湟水流域等地找到了大批类似的着色陶器；近若干年来在山西、陕西、新疆、内蒙古一带又有发现。

除此以外，还有 2 种古陶——黑陶和白陶。黑陶表面呈黑色，它的制造时代估计比彩陶稍晚一些。

彩　陶

1930 年在山东历城县的城子崖古代人类遗址，就发现这种黑陶。其他地方也陆续有发现。黑陶质地较细，器壁较薄，在制作技术上比彩陶又前进了一步。在黑陶之后，我们的祖先又制出一种白色而美丽的白陶，它的质地更细，表面有凸凹图案花纹，在制作技术上比黑陶更精。这种白陶是在河南安阳县的殷墟发掘出来的，制作时期当在殷代，距今有 3000 多年，比黑陶更要晚些。

根据史料记载，春秋时越闻大夫范蠡在现今江苏宜兴地方烧制陶器，宜兴陶器至今还是闻名全球。汉朝陶器制造更有提高，能在陶器表面烧上了"釉"，这可以说是由陶过渡到瓷的原始瓷器。

瓷器是由陶器发展而来的，真正的瓷器创始于唐朝。唐瓷的装饰与前代不同，有各色的彩釉。如江西景德镇的瓷器当时叫作"假玉器"，闻名全国，至今还是世界著名。

到了宋、明两朝，瓷业更加发达，工艺技术更加改进，制出的成品更为精致，不但畅销国内，而且大量地输出外国。到了清朝康熙、乾隆年代，烧制瓷器的水平更有提高，能制出"五彩"和"粉彩"瓷器，而且造型丰富，纹饰新颖。

炼铁术

铁在史前时期就为人类所知道，至于炼铁是从什么时候开始的，却没有得出肯定的结论。用铁最早的国家当推埃及、中国和印度。约在公元前2700年的埃及金字塔里就发现有一部分是用铁作建筑材料的。我国黄帝时代（公元前2550年左右）的指南针就是使用铁的证明。印度在3000多年前就已使用铁作武器。埃及炼铁和用铁的历史与我国不相上下，可能比我国要早一点。

我们的祖先很早就会炼铁和用铁。春秋时代齐国宰相管仲的《管子·海王篇》里有一段话，译成今文，意思是：如果要把事情做成，一个妇女必定要有一根针和一把刀；一个农人必定要有一把锄头、一把铲子、和一把锹；一个替人家驾马挽车的人必定要有一把斧头、一把锯子、一把钻子和一把凿子。如果没有这些工具而能把事情做成，天下是没有的。可见当时对铁的使用已经相当普遍。在《管子·地类篇》里又说："出铜之山四百六十七山；出铁之山，三千六百九山。"可见当时发现的铁矿已经很多，而且这些铁矿也不是在一个短时间内所能发现的。在《国语·齐语》里管仲还说：拿青铜来铸成剑、戟一类的武器，试用在狗马身上；拿铁来铸成锄头、铲子、镢子等农具，应用在田地上。可见当时已经能够炼出生铁来铸造杀人利器和生产工具。距今2500多年前的齐灵公时，齐国已有炼铁工人4000名。这说明当时炼铁业的规模已很可观了。

1972年，在河北蒿城县台西村一座殷商时期奴隶主坟墓里，发现了1

件铁刃铜钺（刀口镶铁的兵器），距今已有 3500 年左右了。

1960～1961 年，在河南辉县古墓里挖掘出战国时期的铁器，几乎不带铁锈，这足以证明当时冶铁技术已经达到相当水平。

秦汉以后，炼铁技术和规模大大发展，铁的产量也大大增加。到了汉武帝时，把炼铁、煮盐和铸钱三大行业作为官营，全国设置铁官 49 处，使炼铁生产技术更有迅速的进展。当时官营的 300 人以上炼铁工场就有 40 多处，从事炼铜铁的所谓"卒徒"多到 10 万人，规模之大，可想而知。

原始的炼铁方法，大致是在山坡上就地挖个坑，内壁用石块堆砌，形成一个极简陋的"炉膛"，里面装以木炭和矿石，依赖自然通风，空气从"炉膛"下面的孔道进入，使木炭燃烧，部分矿石就被还原而成铁。由于通风不足，炉膛较小，炉温难以提高，生成的铁混有许多渣滓，叫毛铁。不久，劳动人民创造出了"橐"的装置。橐是一种皮囊，是人类历史上最早出现的原始送风工具。以后又出现了风箱。随着鼓风设备的不断改进和完善，这种原始的炼铁炉就逐步加高，慢慢演变而成原始的土高炉，炉温也随之而提高。在这种炼炉中得到的不是毛铁而是液态的生铁了。在河北遵化县附近曾发现这样一座高 4 米、整个用石块砌成的炉子，并且装有 2 具风箱。据考证，这可能是古老土高炉的遗迹。而西欧在公元 1350 年以后，才有用石头砌成的竖式高炉，炼出液态铁来。

综上看来，铁的冶炼和应用以我国和埃及为最早。用高炉来炼铁，我国要比西欧早 1000 多年。

曲法酿酒

酿酒的起源是很早的。远在原始时期，可能由于野生果实含有的糖分，遇到空气中或附在果皮上的酵母菌，发酵而产生酒的成分。这种经过发酵而带有酒味的果实，成了当时人类喜爱的食物。从这样无意识的自然发酵逐渐发展到有意识的人工发酵，必然要经过一个很长的时间。至于酿酒工艺究竟是从什么时候开始，是哪个人创造的，却很难断定。

酿酒工艺在我国有着悠久的历史。根据我国古书上的记载，关于酒的来源，有好几种说法。一种说法认为是黄帝（公元前2550多年）创制的；另一种说法认为是夏禹时（公元前约2140年）一个名叫仪狄的人发明的；还有一种说法认为是一个名叫杜康的人发明的，但杜康是什么时候的人，却无从稽考。总之，酿酒工艺是我们的远古祖先通过长期实践逐渐发展起来的，不能仅仅归功于一个人，硬编排说是哪个人所发明。

酒

殷商时代，由于农业生产渐渐发达起来，用谷物酿酒也就普遍。在甲骨文里留下了许多殷商帝王用酒祭祀祖先的记载。例如，在一片甲骨上记着"鬯其酒（鬯音唱，一种香酒）于大甲于丁"。意思是说，"向死者大甲和丁供献香酒。"再从殷墟发掘出的实物中，就有数量很多的饮酒和盛酒器皿，足见当时造酒工业的发达和统治阶层饮酒风气的盛行。

古代酿酒图

到了周朝，酿酒技术有所提高，而且酒的饮用更为普遍，酒的产量也大有增加。那时酿酒的发酵剂大概还是"糵"（音聂）、"曲"并用，不过在工艺上大有改进。什么叫作"糵"和"曲"？谷物经过发芽、糖化，由淀粉转变为糖，蒸煮以后，遇到酵母菌，就发酵而生成酒。这种发芽而糖化的谷粒当时叫做"糵"。后来人们改进方法，把淀粉糖化和酒化两个步骤结合在一起来进行，先将谷粒蒸煮或碎裂，遇水就不会发芽，可是放置日久，遇到自然界的霉菌，表面就渐渐生霉，这样的发霉的谷物当时叫做"曲"。曲不但有富于糖化力的曲霉，而且有促进酒化的酵母菌。用曲酿酒的方法，在酿酒技术上是我国的一个最早发明，在传说中的夏朝以前就已经使用。周朝时期酒的品种也较多，《周礼》中就有"元酒"、"清酌"、"百醴（音礼）酸（音展）"、"粢（音资）醍（音体）"、"澄酒"、"旧泽"等等酒的名目，比起殷商时期只有"醴"（甜酒）、"鬯"（香酒）两个品种，已大大地增加了。可见酿酒生产在殷周两朝这 1400 多年里已经构成我国普遍手工业之一。

秦汉以来，制曲技术又有不断的提高：先把谷粒发酵以制成曲，再利用曲来使更多的谷粒糖化和酒化而酿成酒。这是我们祖先的又一项天才发明。当时汉朝虽然还有用"蘖"来造酒，但主要的酒药却已经是曲了。据《汉书·食货志下》所载：酿用粗米二斛，曲一斛，得成酒六斛六斗。这种最早的原料与成品的比例，基本上是符合酿造原理的。这也是我国在酿酒工艺上的一个很大成就。

到了公元 4~5 世纪，我国各地不但已普遍用曲酿酒，而且工艺上也陆续有改进。北魏（386~534）贾思勰著的《齐民要述》里详细记载制曲酿酒的方法，这在全世界是没有的。距今 1400 多年前制出的曲已有 10 多种，而且已达到相当高的水平。宋朝的制曲法更有提高，同时又创制出一种"红曲"，用它能酿出红酒。这种红曲是经发酵作用而得出的一种透红心的大米，它是用大米经过"红米霉"的作用而产生的，"红米霉"繁殖很慢，容易被其他繁殖快速的霉菌所压制，如果没有高度的技术水平，是无法生产的。因此这种"红曲"，在发酵工业上又是我国的一项新奇发明，连西方的酿造专家对此也不得不表示惊叹。

总之，我国对于酿酒有着很长的历史，在酿酒工艺上有过不少发明和贡献，是世界上酿酒最早的国家。

合成染料

以前染色大都是以天然染料为主。到了 18 世纪中叶，欧洲钢铁工业飞跃发展，由于炼钢的需要，便促进了生产焦煤的干馏工业。从炼焦得到的副产物，给合成染料提供了一种原料——苯胺。

1855 年，英国青年潘根将粗制苯胺进行氧化，他本来的目的是希望由此得到奎林（一种药物）的，可是结果却得到了一种紫色的物质，名叫马酰（学名叫苯胺紫），用它可以染丝。过后不久（1857 年），他就把它作为染料而出售于市场。可以说，苯胺紫是工业生产的第一种合成染料。自此以后，合成染料的发展极为迅速，在不长的时间内，几乎代替了所有的天然染料。到目前为止，在实验室合成的染料已有几万种，作为商品的已有 2000 种以上。

合成的塑料

远在 19 世纪以前，人们就能利用沥青、松香、琥珀、虫胶、橡胶等天然树脂。

到了 19 世纪中叶以后，人们对于天然树脂的利用又前进了一步，发现了把它们加工、改性的方法。例如，天然橡胶中加进硫粉，经过一定处理，就能制成橡皮和硬质橡胶；硝化纤维中加进樟脑，经过一定处理，就能制成赛璐珞，等等。这些以天然树脂为基础的塑料（通常指以合成树脂为主要成分的可塑性物质），在 18 世纪末已经有了工业价值，但生产不多，性能也不够理想。

1872 年，人们用化学方法把苯酚和甲醛合成了酚醛树脂。20 世纪初，由于电气工业和仪表设备制造工业的发展，需要的绝缘材料日益增多，因此就推动了酚醛树脂的发展，投入了工业生产，为塑料工业开辟了新的道路。酚醛树脂是最早合成和投入生产的一种塑料。

到了 20 世纪 20 ~ 30 年代，又相继制出并生产了好多种塑料，如聚氯乙烯、聚苯乙烯、醇酸树脂等。从 20 世纪 40 年代起到现在，塑料工业更是飞跃地前进，生产出的品种有好几十种之多，如聚乙烯、聚丙烯、聚甲醛、聚硅酸树脂、环氧树脂、氟塑料等等。塑料的实际应用也更为广泛。

人造金刚石

在天然金刚石日益供不应求的情况下，美国通用电器公司在 1955 年 2

月宣布制成了合成金刚石，虽然它的性能还抵不上天然金刚石，但已能满足工业上应用。

金刚石可以用石墨来制取，石墨也是一种结晶形碳，但由于碳原子在石墨和金刚石里的排列方式不同，因而它们的性质却有很大的差异。金刚石是最硬的物质，而石墨却是非常软的。

把石墨的晶体结构转化为金刚石的晶体结构是极为

人造金刚石

困难的。要使石墨在隔绝空气的情况下，加热到2000℃和加压到5万～10万个大气压，并使用铬、铁和铂等作催化剂。这样，几分钟内可以生成几千粒极小的金刚石晶体。但要生成1克拉大小的人造金刚石，则要1周左右。所以人造金刚石的制造极为不易且成本很高。

筛眼最小的筛子

化学分析上用以筛取试样的筛子，其筛眼最小的为200目（即1平方厘米的面积内有200个筛眼），只能用以筛分固体，但不能用以筛分气体或液体，因为气体或液体都是由自由运动的分子聚集而成的流体，它们分子的直径很小，科学上用单位"埃"（Å）来表示，1Å＝0.00000001厘米，即亿分之一厘米。对于人工制造的筛子，虽然筛眼再小，它们也能透过。那么，科学上和工业上要从气体或液体混和物中把某种成分分离开来，又有什么办法呢？

约在200年前，科学家们从天然矿物中发现一些铝硅酸盐晶体具有这种筛分性能，它能从气体或液体混和物中把某种成分筛分开来。由于这些天然铝硅酸盐当加热时，熔融和沸腾同时发生，并呈现"膨胀"现象，人们便把它叫作"泡沸石"。泡沸石是一种"天然分子筛"。后来约在20世纪30年代，经过不断的研究，人们也能用人工方法制出合成泡沸石，具有与天然泡沸石

95

相似的筛分（或筛选）性能，因此就把它叫做"合成分子筛"。到了50年代，工业上制出的"合成分子筛"有十几种。如今，"合成分子筛"的品种更多，已发展到好几十种，并已投入生产，在许多工业部门中已大量使用。

拿人工合成的泡沸石如微孔性的铝硅酸盐来说，它是用硅酸钠（即水玻璃）、偏铝酸钠、氢氧化钠为原料而制得的。这种铝硅酸盐晶体具有许多孔径均匀的微小孔道和内表面很大的孔穴，能让直径比孔道小的分子透过而被吸附着，因而对大小不同的分子起着筛分作用，而把它们分离开来。分子筛对于不同的分子，吸附作用也不同。一种分子筛能吸附某种分子，但不吸附另种分子，它的吸附性能是有选择性的。

由于化学组成、晶体结构和孔径大小的不同，工业上用的合成分子筛有很多种型号，应用也越来越广，可以用作高选择性的吸附剂来分离、提纯气体或液体混和物，可以用作气体或液体的深度干燥剂，还用作催化剂和催化剂的载体，以及离子交换剂，等等。

用过的分子筛可以通过加热、吹洗、抽空等步骤以除去被吸附的物质，这个过程叫分子筛的"再生"。分子筛"再生"以后，仍可重新使用和反复再生。

最早的制盐法

我国人民很早就懂得制盐和用盐调味。相传在夏朝（前2140～前1711），我们的祖先就会用海水煮盐。20世纪60年代福建出土文物中发现有古代熬盐器皿，据考证是殷商时期的遗物，可见福建沿海居民在3700年前就已经会利用海水来煮盐了。周朝（前1066～前256）制盐规模更大，并设有专职的盐官叫作"盐人"的来管理制盐事业。这时已能用盐湖的咸水来煮盐，开创了湖盐的生产。这种湖盐当时用作向统治阶层缴税的实物。

春秋时（前722～前481），齐国宰相管仲大力发展盐业，盐税成为国家一笔巨大收入。在这段时期，劳动人民不但利用盐池（如山西运城的解池）的咸水，借着太阳的热来晒盐，而且也能开凿盐井（如四川的盐井）把地下的咸卤水汲取上来煎熬成盐。

汉朝制盐事业更加发达，从事盐业的劳动人民在生产实践中积累了丰富知识和经验。他们趁着天晴干燥时日，把含有盐质的土堆积起来，用水淋出较浓的咸卤水来煎熬成盐。制盐在汉朝初期已成为国家的三大工艺（冶铁、制盐、铸钱）之一。著名的《盐铁论》就反映盐在国家经济中所占的重要地位。唐朝的制盐方法又向前推进了一大步，人们已能把土地开辟成"畦"（音其，即在大面积的土地上开辟成一块块的小区），并开沟引进咸卤水，让太阳来晒成盐。宋、元以来，制盐技术更有提高，也更成熟。

关于古代制盐工艺的记载，以明末宋应星的《天工开物·作咸篇》所叙述的最为详细。宋应星所述的制盐工艺过程，虽然是从宋元或更早以前传留下来的方法，但至今基本上仍在沿用。

湿法炼铜

湿法炼铜，也叫胆铜法，即把铁放在胆矾（即硫酸铜）溶液中，让胆矾成分中的铜被金属铁置换而沉析出金属铜来。这种产铜方法的使用以我国为最早，是湿法冶金技术的起源。今天，铁元素比铜元素活跃，它能在铜盐溶液中，经过置换反应，置换出铜来，这已是最基本的化学知识。而这种置换反应，却是由中国首先发现，并加以实际利用的。

铁铜置换反应的发现，是炼丹家在化学方面的一大贡献。他们在炼丹实践中，观察到这一置换现象，并不断加以记录和总结。现知这一置换现象的最早文字记录，是 2000 多年前在西汉时成书的《淮南万毕术》一书中所记载的，"曾青得铁则化为铜"。曾青，又叫空青、石胆、胆矾，为天然的硫酸铜。硫酸铜一般是蓝色结晶体，因在空气中会部分风化失去水分，而呈白色，故又有白青之称。曾青是炼丹家在炼丹活动中的常用药物，被认为"久服身轻不老"。它亦被引入医学，作为治

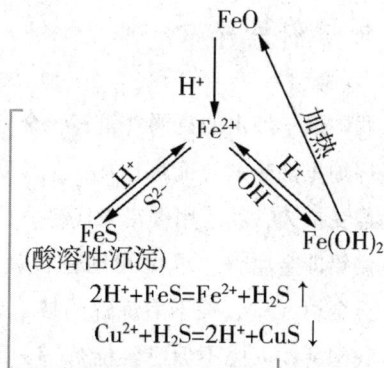

$$2H^+ + FeS = Fe^{2+} + H_2S \uparrow$$
$$Cu^{2+} + H_2S = 2H^+ + CuS \downarrow$$

湿法炼铜的原理

疗疮疖等疾患的用药，故中药本草著作中也有记载。汉代成书的《神农本草经》中，即记有石胆"能化铁为铜"。不单是硫酸铜会与铁起置换反应，其他可溶性铜盐也会与铁起置换反应。

对此，古代的炼丹家和药物学家也有所发现。南北朝时著名的炼丹家和药物学家陶宏景就说："鸡屎矾……投苦酒中，涂铁皆作铜色。"苦酒即醋酸，鸡屎矾可能是碱性硫酸铜或碱性碳酸铜，因难溶于水，要加醋酸方能溶解。

最早使用的铝合金

地壳中铝的含量很多，到处都有铝的化合物存在。但由于它化学性质非常活泼，不易还原，因此炼铝工业发展得较晚，所以铝一向被称为"年轻的金属"。

1953 年，南京博物院考古工作者，在江苏宜兴县发掘了一座三国时东吴名将周处将军的墓，发现在尸骨腰部有着非常轻的金属饰片。经分析鉴定，证明这饰片是由含 85% 铝的合金制成的。经考证，周处将军死于西晋元康七年，即公元 297 年。从他墓中铝合金的发现，证明我国早在西晋时代就会炼铝了，远远早于德国孚勒开始制得铝的年代（1827 年），并说明铝并不是"年轻的金属"。

最早的炼锌术

我国最早炼出的黄铜（铜锌合金），是铜与炉甘石（即碳酸锌）和煤炭在冶炼炉里加热锻烧而炼出的。后来因为用炉甘石为原料，加热时有烟逸出而遭受损失，就改用倭铅来代替炉甘石。

倭铅即金属锌。可见我国古代就能炼锌。明末宋应星写的《天工开物·五金篇》中，关于冶炼锌的技术就有详细的记载。其实，在他写书之前，我国劳动人民不但已经能炼锌，而且早就投入生产了。我国开始炼锌和生产锌的确切年代，还难以考证，但在署名为飞霞子（公元 918 年）的

《宝藏论》一书中，即见有"倭铅"这一名称，说明我国在 1000 多年前就能炼锌。

根据明朝宣宗时铸造的黄铜宣德炉的化学分析结果，我国在 15 世纪 20 年代就已经能大量地生产锌了。

欧洲在 18 世纪才开始炼锌，因此西方人也不得不承认中国生产金属锌早于欧洲，比欧洲约早 400 年。

最早应用的天然染料

染料的应用在我们祖国有着悠久的历史，相传在 4500 多年前的黄帝时期，人们就能利用植物的浆汁来染色。根据中国的文字和出土文物，证实我们的祖先自从能养蚕和缫丝织绸以来，就会用染料把丝织品染成各式各样的颜色。中国文字里用来描述各种颜色的字很多，而且把颜色的种类也分得很细，例如红、绿、紫、绛（音降，赤色）、绯（音飞，红色）、绀（音干，黑红色）、缁（音资，黑色）等等，每个字形上都有"纟"字偏旁，这足以说明各种颜色是与丝织品有着密切联系的。再有，从 1959 年河南安阳王裕口殷代圆形墓葬中发现的丝线，证明 3000 多年前的殷代，人们就会染色。

我国古代应用的染料，都是从植物或动物中取得的，而以从植物中提取的天然染料为主。例如：靛青是从靛叶中提出的，茜素是从茜草中提出的，胭脂红是从胭脂虫中提出的，姜黄素是从姜汁中提出的，苏木色素是从苏木中提出的，等等。几千年来，我国人民对植物染料的应用很为广泛，并且跟着丝绸一道先后传播到外国。采用天然染料当以我国为最早。

波尔多液的最早使用

1878 年欧洲葡萄霜霉病大流行时，在法国的波尔多城发生了一件怪事。许多葡萄园里，霜霉病在猖狂地毁坏着葡萄。可是，独有一家葡萄园里靠近马路两旁的葡萄树，却安然无恙。

这是怎么回事？原来，由于马路两边的葡萄，常常被一些贪吃的行人摘掉，园工们为了防止行人偷吃葡萄，就往这些树上喷了些石灰水，又喷些硫酸铜溶液。石灰是白的，硫酸铜是蓝色的，喷了以后，行人以为这些树害了病，便不敢再吃上面的葡萄了。马路两边的葡萄树不害霜霉病，一定是与树上的石灰和硫酸铜大有关系。

人们根据这个线索钻研下去，经过几年的努力，终于在1885年制成了石灰和硫酸铜的混和液。在这种混和液里，石灰与硫酸铜起了化学反应，形成碱式硫酸铜，具有很强的杀菌能力，能够保护果树，使之不受病菌的侵害。由于这种混和液是在波尔多城发现的，并且从1885年就开始在波尔多城使用，所以被称为"波尔多液"。

现在，波尔多液成了农业上的一种重要杀菌剂，广泛地用来防治马铃薯晚疫病、梨黑星病、苹果褐斑病、柑橘疮痂病、葡萄霜霉病、甜菜褐斑病、枣锈病等。

配制波尔多液的方法是：把1千克生石灰用少量水化开，并用50千克水冲稀，再把1千克硫酸铜用少量热水溶解，也用50千克水冲稀，然后把二者倒进另一个木桶中，边倒边搅，于是便制成了淡蓝色不透明并含有许多絮状沉淀物的波尔多液。波尔多液配好后，要当天用完。如果放置一两天再喷洒，便不易黏附在作物的叶子上，会减低杀菌效力。

波尔多液的杀菌效果虽然不错，制备也较简单，但是由于硫酸铜是炼铜的原料，而铜是重要的国防工业原料和电器原材料，因此它的使用受到一定的限制，当今逐渐被其他杀菌剂所取代。

雷汞引爆剂的试验成功

1847年，意大利的年轻化学家索布瑞罗，把甘油滴到浓硝酸和浓硫酸的混和液里，得到一种物质，叫做硝化甘油。当他用酒精灯对这种液体蒸发提纯的时候，突然发生了爆炸。令人奇怪的是，如果把这种液体慢慢地滴到火中，它只是缓慢地燃烧，并不爆炸；如果突然把它加热，或者使它受到猛烈的震动，它就会立即猛烈地爆炸起来。

1860 年，年轻的瑞典人诺贝尔看到这份报告，对硝化甘油发生了强烈的兴趣。他想把它代替黑色火药去开发矿山，开凿隧道效力一定要大得多。于是动员他的弟弟和他一起进行试验。

诺贝尔想，硝化甘油一受热就要爆炸，这太危险，是不能应用到生产上去的。黑色火药是用一根裹着火硝的药线引爆的，如果能给硝化甘油提供一种引爆药线，使用起来就能安全了。他试用黑色火药、火药棉（硝化纤维）等来作为引爆的药线，结果均不理想。更不幸的是，在一次试验中发生了极为猛烈的爆炸，整个实验室被炸坏，牺牲了 5 个实验人员，其中有一个就是诺贝尔的亲爱的弟弟。

强烈的悲痛和试验的失败并没有动摇诺贝尔继续研究的决心，他顽强地不断设法改进。有一次，他把雷汞（雷酸水银）装进一根导管里，用它来引爆硝化甘油。他独自一个人点燃了雷汞，凝神注视着。他忘却了一切，忘记了自己的安全。火花逐渐接近硝化甘油。突然一声巨响，刹那间，实验室再次被炸，地上炸成一个大坑。人们在担心："诺贝尔完了！"在弥漫的硝烟里跑出一个人来，这个人就是诺贝尔。他身上的衣服着了火，血迹斑斑，一面奔跑，一面狂呼："我成功了！我成功了！"诺贝尔成功地解决了硝化甘油的引爆问题。引爆剂雷管也就是这样诞生的。

诺贝尔正式建立了生产新炸药硝化甘油的公司。这种新炸药很快畅销全球。后来，诺贝尔经过苦心研究，制造出另一种固体烈性炸药——三硝基甲苯（又名 T. N. T）。这种黄色的固体炸药，运输方便，安全可靠，比硝化甘油更好，因而很快得到普遍的推广和使用。在改造自然、发展工业中，世界各国都在使用诺贝尔的烈性炸药。诺贝尔也就闻名世界。与此同时，帝国主义者却用诺贝尔发明的烈性炸药制造了杀伤力很大的武器，给人们带来了巨大的灾害，诺贝尔对此感到十分痛心。

在他晚年的时候，1895 年 11 月 29 日，他签署了有名的遗嘱：把他由于发明而获得的财产作为基金，每年把得到的利息作为奖金，奖励在科学上、文学上和世界和平事业上对于人类做出贡献最大的人。这就是世界著名的"诺贝尔奖金"。

最奇妙的单质

最轻的气体

在通常情况下，氢气是一种没有颜色、没有气味，也没有味道的气体。在0℃和1个大气压下，1升氢气重0.0898克，是一切气体里最轻的。它的名称也由此而来。

近地面的空气，每升重量1.293克，比氢气约重14.5倍。氧气，每升重量1.49克，比氢气约重16倍。

二氧化碳，每升重量1.977克，比氢气约重21倍。氯气，每升重量3.214克，比氢气约重35倍！利用氢气密度最小的特性，人们做成了升向高空的气球。

在欢庆重大节日的热烈场面中，经常看到大的氢气球把醒目的标语悬在半空，无数彩色的氢气球从欢腾的人群中腾空而起。

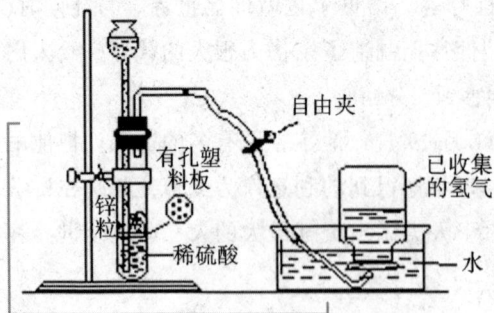

氢气的制取

氢气球为什么能上升呢？这是因为整个气球的质量还不及它所排出的空气的质量。换句话说，气球受到的浮力（向上的）比重力（向下的）大，所以它能迅速上升。

纯净的氢气能够在纯氧或空气里平静地燃烧，发出淡蓝色的火焰，生成了水，并放出大量的热（氢气焰可达3000℃的高温）。如果把氢气和空气混和后点燃，就会发生猛烈的爆炸。因此，在制取和使用氢气时，必须注意安全。在点燃氢气以前，必须检验氢气的纯度。氢气不但可以用来填充气球，作为探测高空气象的工具，同时它还是近代工业和尖端科学技术的重要原材料。

液态氢由于具有重量轻、发热量高等优点，因而是火箭或导弹的一种高能燃料。氢气用来作一般的燃料，也有十分突出的优点：资源十分丰富，燃烧时发热量高（每千克氢气燃烧放热142120千焦，热量是汽油的3倍），生成的产物是水，污染少。所以，近年来各国对氢气作为新型燃料的研究很重视。今后在利用太阳能和水制取氢气的技术如能有所突破，得到便宜而丰富的氢气，那么，氢气将成为一种重要的新型燃料。

最重的气体

1903年，卢瑟福和另一位化学家索地一起，详细地研究了镭射气，发现了一个有趣的事实，就是把镭射气封在装有硅锌矿粒的玻璃管里，一开始发光很强，几天以后，光就减弱了，过了1个月左右，就完全不发光了。

看来镭射气会慢慢地消失。但它变成了什么呢？为了解决这个问题，卢瑟福和索地决定去请教研究气体的专家英国物理学家莱姆赛。莱姆赛热情地接待了索地，立刻和他一起研究镭射气。莱姆赛仔细地研究镭射气的性质，证明它和氦、氖、氩、氪、氙一样，也是一种稀有气体，把它叫做"氡"。氡的原文是"射线"的意思。

莱姆赛为了测定氡的密度，设计了一个极为灵敏的天平，灵敏度达到0.000000005克，他称量了0.1立方毫米（仅仅有一个针眼大小）的氡气，测得它的密度是氢气的111倍，在标准状况下1升氡气重10克。它是一种最重的气态元素。

最硬的金属

铬是银白色的金属，素有"硬骨头"金属的称号，是世界上最硬的金属。

铬的化学性质很稳定，在常温下，放在空气中或浸在水中，不会生锈。手表的外壳、自行车车把和照相机架子等，常是银光闪闪的，人们说它是镀了"克罗米"，其实"克罗米"就是铬的拉丁文名称。

在钢中加入 1%～2% 的铬，就能大大增加钢的硬度和坚固性，可用来制造工具、零件以及枪炮筒、装甲板等。在钢中加入 12% 左右的铬，就得到不锈钢。不锈钢具有很好的韧性和耐腐蚀性。在化工厂里，人们常用不锈钢制造各种管道、反应设备。一些医疗器械，如手术刀、注射器的针头、剪刀等，大都是用不锈钢做的。手表的表壳一般也是用不锈钢做的。不锈钢差不多占每只手表总重量的 60% 以上。所谓"全钢手表"，便是指它的表壳与表后盖全都是用不锈钢做的；而"半钢手表"，则是指它的表后盖是用不锈钢做的，表壳是用黄铜和其他金属做的。不锈钢还可用于制造轮船的船身、汽艇和潜水艇的艇身等。

最软的金属

钠单质很软，可以用小刀切割。切开外皮后，可以看到钠具有银白色的金属光泽。钠是热和电的良导体。钠的密度是 0.97 克/立方厘米，比水的密度小，钠的熔点是 97.81℃，沸点是 882.9℃。钠单质还具有良好的延展性。

在 19 世纪初，伏特（1745～1827 年，意大利科学家）发明了电池后，各国化学家纷纷利用电池分解水成功。英国化学家戴维（1778～1829 年，英国化学家）坚持不懈地从事于利用电池分解各种物质的实验研究。他希望利用电池将苛性钾分解为氧气和一种未知的"基"，因为当时化学家们认为苛性碱也是氧化物。它先

金属钠

用苛性钾的饱和溶液实验，所得的结果却和电解水一样，只得到氢气和氧气。后来他改变实验方法，电解熔融的苛性钾，在阴极上出现了具有金属光泽的、类似水银的小珠，一些小珠立即燃烧并发生爆炸，形成光亮的火焰；另一些小珠不燃烧，只是表面变暗，覆盖着一层白膜。他把这种小小的金属颗粒投入水中，即起火焰，在水面急速奔跃，发出"刺刺"的声音。就这样，戴维在1807年发现了金属钾，几天之后，他又从电解苛性钠中获得了金属钠。

戴维将钾和钠分别命名为 Potassium 和 Sodium，因为钾是从草木灰（Potash），钠是从天然碱——苏打（Soda）中得到的，它们至今保留在英文中。钾和钠的化学符号 K、Na 分别来自它们的拉丁文名称 Kalium 和 Natrium。

105

最重的金属

锇是在1804年被英国化学家田南特发现的。在地壳中，锇的含量很少，约仅含 0.000005%。

锇是一种灰蓝色的金属，硬度高并且脆，密度达22.7克/立方厘米，1立方米的锇就要重22.7吨。它的密度是自然界最轻金属锂的42倍，约是铅的2倍和铁的3倍。

金属锇在空气中非常稳定，熔点是2700℃，它不溶于普通的酸，甚至在王水（1个体积浓硝酸与3个体积浓盐酸所组成的混合酸）里也不会被腐蚀。但粉末状的锇，在常温下也会逐渐被氧化，并且生成四氧化锇。四氧化锇在48℃时就熔化，在130℃时沸腾。它的蒸气有剧毒，会强烈地刺激黏膜，尤其是眼睛受到侵害会造成失明。

金属锇

利用锇与一定量的铱制成的锇铱合金，可做钢笔的笔尖，即在笔尖上有着不到 1 毫米的银白色的小圆粒，被称为铱金笔。也可以做钟表、重要仪器的轴承，十分耐磨，可以使用多年而不损坏。

最轻的金属

锂是一种银白色的金属，密度为 0.535 克/立方厘米，是所有金属中最轻的一种。它只有同体积铝的质量的 1/5，水的质量的 1/2。它比煤油还轻，如果把锂投入煤油里，锂就浮在煤油面上，不会下沉。

锂的化学性质极为活泼，它能够和空气中的氧化合，变成白色疏松的氧化锂；和水能发生剧烈反应，置换出水中的氢，放出氢气，而本身就变成氢氧化锂，溶解到水中。

锂还能和氢作用，生成白色的氢化锂。氢化锂和水会发生猛烈反应，放出大量氢气。1 千克氢化锂和水作用，可放出 2800 升氢气。因此，氢化锂可以看成是一个方便的储氢气的大"气柜"。此外，氢化锂还是热核反应的重要原料，例如，在原子能破冰船中作为动力燃料。

锂制电池

它在地壳中的含量不算稀有，地壳中约有 0.0065% 的锂，其丰度居第二十七位。已知含锂的矿物有 150 多种，其中主要有锂辉石、锂云母、透锂长石等。海水中锂的含量不算少，总储量达 2600 亿吨，可惜浓度太小，提炼实在困难。某些矿泉水和植物机体里，含有丰富的锂。如有些红色、黄色的海藻和烟草中，往往含有较多的锂化合物，可供开发利用。我国的锂矿资源丰富，以目前我国的锂盐产量计算，仅江西云母锂矿就可供开采上百年。

最有趣的气体

1898 年，英国的莱姆塞和特拉威斯，在分馏液态氪时发现了氙。它是一种无色、无嗅、无味的惰性气体。密度（5.887±0.009）克/升，3.52 克/立方厘米（液），2.7 克/立方厘米（固）。熔点 –111.9℃，沸点（–107.1±3）℃。电离能 12.130 电子伏特。是非放射性惰性气体中唯一能形成在室温下稳定的化合物的元素，能吸收 X 射线。在较高温度或光照射下可与氟形成一系列氟化物如 XeF_2、XeF_4 及 XeF_6 等。

氙也能与水、氢醌和苯酚一类物质形成弱键包合物。由于它具有极高的发光强度，在照明技术上用来充填光电管、闪光灯合氙气高压灯。氙气高压灯具有高度的紫外光辐射，可用于医疗技术方面。用于闪光灯、深度麻醉剂、激光器、焊接、难熔金属切割、标准气、特种混合气等。

氙本身无毒，人吸入后以原形排出，但在高浓度时有窒息作用。氙有麻醉性，它和氧的混合物是对人体的一种麻醉剂。氙为非腐蚀性气体，可使用所有的通用材料。氙可用玻璃瓶包装，外加木箱或纸箱保护。贮运过程中要轻装轻卸，严防碰损。

1965 年春节，在上海南京路上海第一百货商店大楼顶上，出现了一盏不平常的灯，它的功率高达 2 万瓦。每当夜幕降临，它大放光芒，照得南京路一片雪亮。然而，它并不大，灯管只比普通日光灯长 1 倍。人们称誉它为"人造小太阳"。"人造小太阳"，就是高压长弧氙灯的通俗的说法。它为什么会发出这么强的亮光呢？原来，它里面住了一个非同凡俗的"居民"，这就是氙气。它是一种无色气体，密度是空气的 3 倍多。可它在空气中的含量实在很可怜，只占总体积的 8/100000000，因而人们难得见到它，怪不得当初发现它时就用拉丁文给它起了个名字叫"生疏"，翻译成中文就是"氙"。

氙在电场的激发下，能射出类似于太阳光的白光，"人造小太阳"就是利用它的这个特异功能制成的。这种灯的灯管是用耐高温、耐高压的石英管做成的，两头焊死，各装入一个钨电极，管内充入高压氙气。通电后，氙气受激发，射出强烈的白光。

1盏6万瓦的氙灯的亮度，相当于900只100瓦的普通灯泡！"人造小太阳"的用途极广，比如电影摄影、舞台照明、放映、广场和运动场的照明等都能用到它。

有趣的是，氙还具有一定的麻醉作用——它能溶于细胞汁的油脂中，引起细胞的膨胀和麻醉，从而使神经末梢的作用暂时停止。人们曾试用4/5的氙气和1/5的氧气组成混合气体作为麻醉剂，效果很好。只是由于氙气很少，所以目前还不能广泛应用。

氙也是惰性气体家族中的一个成员，跟其他家族中的成员一样，它的"性格"也很不活泼，一向被人们认为是"懒惰"的元素，是"永远不与任何东西化合"的元素。然而，随着科技水平的提高，人们终于降服了它，帮它改掉了"懒惰"的习性。在1962年，加拿大一位化学家首先制成了黄色的六氟化氙的固体化合物。紧接着，人们又陆续制出了氙的许多化合物。氙不再是一种"懒惰"的元素，它也开始勤快地为我们人类服务了。

熔点最低的金属

在1大气压下，物质由固体状态转变为液体状态的温度称为该物质的熔点。例如，在大气压下，冰融化成水的温度是0℃，0℃就是冰的熔点。

在80多种金属中，在常温下绝大部分都是固态，因此在中文字中，绝大部分金属的部首都写成了"金"旁，如金、银、铜、铁、锡、铝、铅等。由于汞（水银）的熔点在金属中最低（－39.3℃），因此在常温下呈液体状态，因而汞字的部首是水部。

金属汞

汞能溶解许多金属，形成柔软的合金——"汞齐"。因此汞被称为"金属的溶剂"。金、银都能被汞溶解，形成金汞齐或银汞齐，我国著名的鎏金术就应用着金汞齐。汞有着广泛的用途，气压表、压力计、温度计、日光灯管都用到它。由于汞在常温下是液体，在自动化仪表中也广为应用。

汞的挥发性比任何金属都大，吸入汞蒸气会使人慢性中毒，如牙齿动摇、毛发脱落、神经错乱等。在使用汞时，必须防止把汞撒落在实验桌上或地面上。万一发生这样情况，应尽量把它收集起来，然后用硫粉撒在有汞的地方，把汞转化为硫化汞。

熔点最高的金属

白炽灯、碘钨灯、真空管中的灯丝，都是用钨丝做成的。钨是熔点最高的金属，它的熔点高达3410℃。当白炽灯点亮的时候，灯丝的温度高达3000℃以上。在这样的高温下，其他金属早已粉身碎骨，会熔化成液体，甚至还会变成蒸气，但是钨在这时，仍能依然如故。

钨不仅熔点高，而且坚而硬，当它炼成钨钢后，即使温度高达1000℃，仍然坚硬如故，并能保持良好的弹性和机械强度，所以广泛用于制作切削刀具与钢模，国防上用作炮筒与枪筒。

金属钨

我国钨的储量占世界第一位，其中以江西的大庾山脉藏量最多。此外广西、广东、湖南等地也都盛产钨。

最难液化的气体

氦是一种无色、无味、无臭的稀有气体，它和其他稀有气体一样，都是单原子分子，即1个分子是由1个原子组成的（一般气体分子都是双原子

氦气飞艇

分子）。它性质极为稳定，几乎不与其他元素相互化合。

任何一种气体，如氧气、氮气、氯气等，冷却到一定温度，都能由气态转化成液态。氦是所有气体中最难液化的气体，曾经被认为是"永久气体"。意思是说，氦是永远不能被转化成液态的。

随着科学技术的发展，直到1908年，将氦冷却到 −268℃以下，终于将氦变成了液态。自此以后，液态氦在低温工业上常用作冷却剂。

最活泼的非金属

氟是最活泼的一种非金属。它是微带黄色的气体，具有强烈的刺激性气味，有毒。在常压下，冷到 − 187.98℃时，就凝聚成黄色液体，到 −219.46℃时，就凝结成微带黄色的固体。它的化学性质极其活泼，甚至在通常温度下，几乎与所有的金属以及大多数的非金属都能直接化合。例如在低温或黑暗的情况下，与氢也能直接化合，同时放出大量的热而发生爆炸，生成氟化氢气体。氟和水接触，能发生猛烈的化学作用，不但放出氧气，同时还放出臭氧。

由于氟的活泼性最强，与其他元素结合得很牢，单质的氟就不容易制备。只有把直流电通过氟化钾溶于液态氟化氢的溶液，使氟化氢分解，在铜阳极上得到氟气，在石墨阴极上得到氢气。

氟的化合物用途很多，例如，二氯二氟甲烷广泛用作致冷剂；二溴二氟甲烷是高效的灭火剂，对石油及天然气着火的灭火性能最好，能在1秒钟内把猛烈的火势扑灭；聚四氟乙烯是一种耐高温塑料；氟化氢的水溶液叫氢氟酸，对玻璃有腐蚀作用，可利用它在玻璃上刻划花纹，在玻璃仪器上刻划标度，等等。

氟既然如此活泼，那么怎样来贮存它呢？在室温或在不太高的温度下，氟可装在铜、铁、镁、镍（或它们的合金）等制成的容器中，因为氟与这些金属作用后，在表面上形成了一层金属氟化物保护膜，使之不能继续与金属接触而再发生作用。

硬度最大的单质

世界上已出土的最大的一颗金刚石是在南非（阿扎尼亚）发现的，其重量为3025.75克拉（1克拉=0.205克）。南非是天然金刚石的主要产地。

1977年，我国山东省临沭县芨山公社常林大队发现了一颗天然金刚石（取名常林钻石），这颗金刚石重158.7860克拉，色质透明，呈淡黄色，是迄今我国发现的最大的一颗金刚石，在世界上也是较大的。

纯净的金刚石是无色透明的物质，当它含有微量的杂质时，因所含杂质不同而呈黄色、蓝色、绿色、橙色和其他"杂色"，通常以五色金刚石为最佳。当光线照射在金刚石上面的时候，能发出亮晶晶的美丽夺目的光彩，十分讨人喜爱。琢磨成一定形状的金刚石叫做金刚钻或钻石。

上等无瑕的晶莹金刚石，是尖端科学技术不可缺少的重要材料。质量低劣或颗粒特别小的常用在普通的工业方面，称为工业钻石。南非一家矿业公司曾做了一项试验，用6份上等钻石、6份质量低劣的工业 JU 钻石与砂石、265磅钢珠和水，一起放在滚筒里转动，经7小时后，工业用钻石已被磨损，再经过950小时，上等钻石才被磨掉1/10000。可

天然金刚石

见它的确是难啃的"硬骨头",确实是世界上最硬、最能永久保存的物质。

金刚石作为一种超硬材料,在仪器仪表、机械加工、地质钻探中广泛应用。例如,用金刚石钻头代替普通硬质合金钻头,可大大提高钻进速度,降低成本。此外,镶嵌钻石的牙钻是牙科医生最得心应手的工具。镶嵌钻石的眼科手术刀的刀口锋利光滑,即使用 1000 倍显微镜也看不到一点缺陷,是摘除眼内白内障普遍使用的利器。钻石一般用于磨、锯、钻、抛光等加工工艺,是切割石料、金属、陶瓷、玻璃等不可缺少的工具。它们占工业钻石消耗量的 90%。金刚石是一种结晶形碳,它是人类最早发现的矿物之一。早在公元前 8 世纪,印度和婆罗州就发现有钻石了。但对于金刚石的成因,直到目前,仍然众说纷纭,它的奥秘吸引着许多研究者去探讨。

导热最强的金属

在古代,人类就对银有了认识。银和黄金一样,是一种应用历史悠久的贵金属,至今已有 4000 多年的历史。由于银独有的优良特性,人们曾赋予它货币和装饰双重价值,英镑和我国解放前用的银元,就是以银为主的银、铜合金。

银白色,光泽柔和明亮,是少数民族、佛教和伊斯兰教徒们喜爱的装饰品。银首饰亦是全国各族人民赠送给初生婴儿的首选礼物。近期,欧美人士在复古思潮影响下,佩戴着易氧化变黑的白银镶浅蓝色绿松石首饰,给人带来对古代文明无限美好的遐思。而在国内,纯银首饰亦逐渐成为现代时尚女性的至爱选择。银是古代就已经知道的金属之一。银比金活泼,虽然它在地壳中的丰度大约是黄金的 15 倍,但它很少以单质状态存在,因而它的发现要比金晚。在古代,人们就已经知道开采银矿,由于当时人们取得的银的量很小,使得它的价值比金还贵。公元前 1780～前 1580 年间,埃及王朝的法典规定,银的价值为金的 2 倍,甚至到了 17 世纪日本金、银的价值还是相等的。银最早用来做装饰品和餐具,后来才作为货币。

纯银是一种美丽的白色金属,银的化学符号 Ag,来自它的拉丁文名称 Argentum,是"浅色、明亮"的意思。它的英文名称是 Silver。热导率为 429 瓦/(米·开),是导热性最强的金属。

价格最高的金属

哪个金属价格最高？人们会很快地回答说："白金（铂）的价格最高。"对，白金是贵，但另有些金属，如钌、铑、钯等，比白金更贵，而最贵的金属就算锎。

锎不像白金和其他一般金属一样存在于自然界。它是用人工方法获得的一种放射性元素。它的化学符号为 Cf，稳定的原子质量数为 251，在周期表上为第 98 号元素。它的位置排在铀的后面（铀为第 92 号元素），因此它是"超铀元素"之一。

锎有 11 种同位素，而以其中的锎—249、锎—251、锎—252、锎—254 四种同位素最引人注意。拿锎—252 来说，它在原子核裂变过程中，会自动地放出中子，因此，它被用作很强的中子源。每 1 微克（1 微克 = 0.000001 克）的锎—252 每秒钟能自动地释放出 1.7 亿个中子，同时伴随着放出大量的热。

由于锎—252 是一个很强中子源，它的应用就很广。可以用于一种很灵敏而快速的物理分析法——中子活化分析，在几分钟内可以分析出 1/100000000 ~ 1/1000000 克的痕量元素（极其微量、只有痕迹的元素），可以帮助探矿。在医学上，可以帮助了解一些痕量元素在人体和生物体中的代谢作用。用中子照相，对软组织部分，比 X 光照相辨别较为明晰。中子治癌，疗效比 X 射线和 γ 射线更高。在考古工作中，用中子活化分析，可以判断古物的年代和其他特征，而且被照射过的古物完整无损。在石油工业中，利用中子测井方法，可以测出油层和水层的界面。在农业上利用锎—252 的电子源可以测量土壤湿度、地下水的分布等情况。此外，利用这种中子源的辐射，可以消灭或控制污染。

由于锎的生产过程复杂，成本昂贵，以致产量极少，在应用上还有很大的局限性。目前世界上每年产量只有几克，0.1 微克锎的价格为 100 美元。如果用"克"作单位来计算，则每 1 克锎的价格为 10 亿美元。

熔点最高的非金属

碳是一种非金属元素，位于元素周期表的第二周期ⅣA族。拉丁语为 Carbonium，意为"煤，木炭"。汉字"碳"字由木炭的元素周期性质"炭"字加石字旁构成，从"炭"字音。碳是一种很常见的元素，它以多种形式广泛存在于大气和地壳之中。碳单质很早就被人认识和利用，碳的一系列化合物——有机物更是生命的根本。碳是生铁、熟铁和钢的成分之一。碳能在化学上自我结合而形成大量化合物，在生物上和商业上是重要的分子。生物体内大多数分子都含有碳元素。

碳化合物一般从化石燃料中获得，然后再分离并进一步合成出各种生产生活所需的产品，如乙烯、塑料等。

碳的存在形式是多种多样的，有晶态单质碳如金刚石、石墨；有无定形碳如煤；有复杂的有机化合物如动植物等；碳酸盐如大理石等。单质碳的物理和化学性质取决于它的晶体结构。高硬度的金刚石和柔软滑腻的石墨晶体结构不同，各有各的外观、密度、熔点等。

常温下单质碳的化学性质不活泼，不溶于水、稀酸、稀碱和有机溶剂；不同高温下与氧反应，生成二氧化碳或一氧化碳；在卤素中只有氟能与单质碳直接反应；在加热下，单质碳较易被酸氧化；在高温下，碳还能与许多金属反应，生成金属碳化物。碳具有还原性，在高温下可以冶炼金属。

熔点最低的非金属

1868年8月18日，法国天文学家让桑赴印度观察日全食，利用分光镜观察日珥，从黑色月盘背面如出的红色火焰，看见有彩色的彩条，是太阳喷射出来的炽热的光谱。他发现一条黄色谱线，接近钠光谱总的D1和D2线。日食后，他同样在太阳光谱中观察到这条黄线，称为D3线。1868年10月20日，英国天文学家洛克耶也发现了这样的一条黄线。

经过进一步研究，认识到是一条不属于任何已知元素的新线，是因一种新的元素产生的，把这个新元素命名为 helium，来自希腊文 helios（太阳），元素符号定为 He。这是第一个在地球以外，在宇宙中发现的元素。为了纪念这件事，当时铸造一块金质纪念牌，一面雕刻着驾着四匹马战车的传说中的太阳神阿波罗像，另一面雕刻着詹森和洛克耶的头像，下面写着：1868 年 8 月 18 日太阳突出物分析。

过了 20 多年后，拉姆赛在研究钇铀矿时发现了一种神秘的气体。由于他研究了这种气体的光谱，发现可能是詹森和洛克耶发现的那条黄线 D3 线。但由于他没有仪器测定谱线在光谱中的位置，他只有求助于当时最优秀的光谱学家之一的伦敦物理学家克鲁克斯。克鲁克斯证明了，这种气体就是氦。这样氦在地球上也被发现了。

最易着火的非金属

自然界里的物质，如果由同种元素组成的，就称单质。根据单质的不同性质，一般可分为金属和非金属 2 大类。我们熟悉的氢气、氮气、氧气、碳、硫和碘等，都是非金属，它们没有金属光泽，一般不能导电、传热。在室温下，也不能与空气中的氧气发生反应。但是有个别的例外。这个别的非金属元素就是磷。

纯磷常见的有 2 种，一种叫黄磷（又叫白磷），另一种叫赤磷（又叫红磷）。虽然它们都是由磷构成的，但具有不同的性质。例如，在室温条件下，黄磷能在空气中自动燃烧起来，而赤磷却不能。

黄磷自动燃烧的原因并不复杂。原来，放在空气中的黄磷，能够缓慢地跟空气中的氧气起反应。这个反应是放热的。当放出的热量多于散失的热量时，热量便积累起来，于是黄磷的温度便慢慢地上升，温度的升高，又加速了反应的进行，当温度到达约 40℃ 时，黄磷便急剧燃烧起来。而赤磷要加热到 240℃ 才能着火燃烧。

由于黄磷在室温下能跟空气中的氧气起作用，并且着火的温度相当低，因此，黄磷就成为在常温下易于自燃的非金属了。

黄磷必须保存在水里，以隔绝空气。使用黄磷时，如果需要把它切成小块，应在水面下进行，否则，由于切割时摩擦生热，也能使黄磷燃烧起来。

黄磷是剧毒的物质，误吃0.1克就能立即死亡，而赤磷却无毒。被黄磷烧伤的伤口，因为周围的细胞都中了毒，需要很长的时间才能治好。所以处理黄磷的时候，要特别小心！磷，按照它的

磷

原文就是"鬼火"的意思。在荒野，有时在夜里会看见绿幽幽或浅蓝色的"鬼火"。原来人、动物的尸体腐烂时，身体内所含磷的化合物分解，在生成的磷和氢的化合物中，有一种叫"联膦"的，它在空气中能自动燃烧，发出淡绿或浅蓝色的小火光。这并不是像迷信的人们所说的"鬼火"，而是联膦在燃烧的缘故。

延展性最强的金属

金属能拉成细丝，压成薄片，这是金属的一个重要物理性质——延展性。

黄 金

在工业生产以及日常生活中，广泛应用着金属的这一特性。例如，把钢铁拉成细丝，绞成钢索；通过冲压，把铝做成各种形状的铝制品等。

金是最富有延展性的一种金属，1克金可以拉成长达4000米的细丝。假若将300克金拉成细丝，可以从南京出发，沿着铁路线一直延伸

116

到首都北京。金也可以捶成比纸还薄得多的金箔，厚度仅有 1 厘米的 1/50。也就是说，把 50 万张金箔叠合起来，才有 1 厘米那样厚。这样薄的金箔，看上去几乎透明，颜色不再是金黄色，而是带点绿色或蓝色了。

我国古代，很早就已利用金箔来装饰佛像及艺术品，封建帝王用金丝编成皇冠；从西汉中山靖王的墓中，还发掘出裹尸的用金丝把玉片串成的金镂玉衣。

导电性最强的金属

银，它闪耀着月亮般明亮的光辉，我国古代常把银、金与铜并列，称为"唯金三品"。早在公元前 23 世纪，即距今 4000 多年前，我国就已发现了银。

银的化学性质极为稳定，在空气中不易生锈，即使加热也不和氧作用。它的导电能力，在普通金属中名列第一。若令汞的导电性为 1，则铜的导电性为 57，而银的导电性为 59。因此一些精密仪表常用银丝作导线，电子管的插脚、电器的表面都镀上了银。这样做的目的，不仅为了美观，而且使它赋有最强的导电能力。

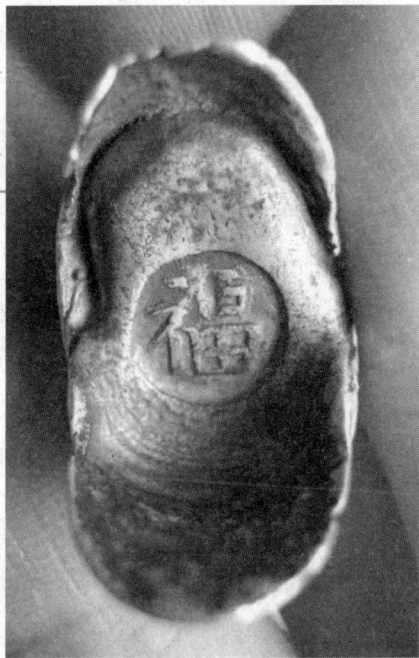

银　锭

最能吸收气体的金属

气体能溶解在液体里，你一定能很快地举出好多例子，诸如盐酸是氯化氢气体的水溶液；汽水里溶有大量的二氧化碳；鱼类依靠溶解在水里的空气（氧气）维持生命；等等。

但是你知道吗？气体也能大量溶解在固体中。最突出的例子，要算是金属钯了。钯是吸收气体的能手，它尤其擅长吸收氢气。据测定，在常温下，1 体积钯可吸收 700～800 体积的氢气。钯是银白色金属，质地重而软，富有展性。但是当它吸收了大量的氢气以后，会发生很大的形变。它的体积明显地胀大，质地变脆，表面布满裂纹，以至破裂成碎片。

海绵状的钯与胶状的钯，由于增大了表面积，吸收氢气的能力更强。在常温下，1 体积海绵钯可吸收 850 体积氢气；1 体积胶状的钯甚至可吸收 1200 体积的氢气。据 X 射线研究结果表明，钯吸收氢气后，晶格会膨胀。随着氢气溶解量的增加，到一定程度，会转变成另一种晶格。被钯吸收的氢气很少以原子状态存在，而是以离子（H^+）状态存在，因此可以说，含氢的钯实际上是一种合金。

吸收气体的钯，加热到 40～50℃，它所吸收的气体即可大部分放出，加热到较高温度则可全部放出。钯这一奇怪的特性，在化学工业上有着重要的应用。人们用钯作加氢反应的催化剂。例如，在钯的催化下，可使液态的油脂加氢，变成固态。利用吸收了氢气的钯，还可以作为还原剂。例如，它可使二氧化硫气体转变成硫化氢气体。

在电气工业上，利用钯吸收气体的特性，将其用作除气剂，除去真空管中残存气体，提高真空度。

最易应用的超导金属

金属都能导电，只是它们的导电能力不同而已。铌是一种很奇妙的金属，当把它冷却到 -263.9℃的超低温下，铌会变成一个几乎没有电阻的超导体。人们曾经做过这样的实验：

把一个冷却到超导状态的金属铌环，通以电流后再截断电流，然后把整个仪器封闭起来，保持低温。搁置了 2 年半以后，人们又把仪器打开，发现铌环里的电流仍在流动，而且电流强度几乎没有减弱。

凡是像铌这样具有超导性能的元素叫超导元素。科学实验的结果，已经发现有 23 种纯金属，如铝、汞、锌、铅、锡等与 60 多种合金和化合物在低温时有超导电性。然而铌显示超导性能的温度最高，为 −263.9℃，而铅为 −265.86℃，锂为 −268.41℃，钽为 −268.64℃，锌为 −269.4℃，铝为 −271.98℃。显示超导性的温度越高，越便于在实际中得到应用。由于铌显示超导性的温度最高，人们利用它制成了"超导体电缆"，它的电阻几乎等于 0，输电效力就非常高。

地壳中含量最多的金属

各种元素在地壳里的含量相差很大。地壳主要是由氧、硅、铝、铁、钙、钠、钾、镁、氢等元素组成的。含量最多的元素是氧，其次是硅，接下就是铝。由于氧和硅是非金属元素，因此，铝就成为地壳里含量最多的金属元素。它占地壳总量的 7.73%，约为全部金属元素含量的 1/3，比铁多 1 倍。地球上铝矿的远景储量，按目前开采水平至少可用 15 万年。

铝有密度小，不易生锈，易导电、导热，容易加工等许多优良性质，所以是一种非常可贵的金属材料。但纯铝比较软，一般制成合金使用。铝的重要合金坚铝（铝占 94%，其余为铜、镁、锰、硅等）强度与优质钢相同，重量却只有钢的 1/3。铝和铝合金是制造飞机的重

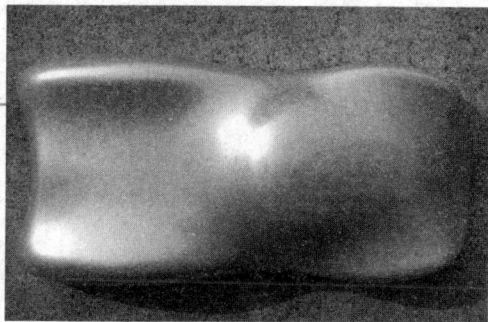

金属铝

要材料，并可制造轮船、火车车厢、汽车、化工设备、电线以及许多日用品等。铝导线跟铜线比较，当导电能力相同时，重量只有铜线的 1/2，因此越来越广泛地用铝线来代替铜线输送电流。

纯铝不仅善于导电、导热，且有很好的抗腐蚀性和对光的反射性，因而得到了愈来愈广泛的应用。如对太阳能的利用，铝就是重要的材料。国外已建成一座别开生面的大型冶金炉——太阳能高温冶金炉。在面积为 2600 平方米、高度达 9 层楼的抛物面板上，贴上一层铝，可在短时间内产

生 4000℃的高温，并可瞬时去掉高温，从而达到快速加热、快速冷却。该冶金炉已用于生产超纯材料和难熔材料。

铝及其合金已经为人类做出了巨大贡献。可以肯定，在未来的世界中，铝将放射出更加绚丽的光彩！

地壳中含量最少的金属

钫是门捷列夫曾经指出的类铯，是莫斯莱所确定的原子序数为 87 的元素。它的发现经历了弯曲的道路。

刚开始，化学家们根据门捷列夫的推断——类铯是一个碱金属元素，是成盐的元素，就尝试从各种盐类里去寻找它，但是一无所获。

1925 年 7 月英国化学家费里恩德特地选定了炎热的夏天去死海，寻找它。但是，经过辛劳的化学分析和光谱分析后，却丝毫没有发现这个元素。

后来又有不少化学家尝试利用光谱技术以及利用原子量作为突破口去找这个元素，但都没有成功。

1930 年，美国亚拉巴马州工艺学院物理学教授阿立生宣布，在稀有的碱金属矿铯镏石和鳞云母中用磁光分析法，发现了 87 号元素。元素符号定为 Vi。可是不久，磁光分析法本身被否定了，利用它发现的元素也就不可能成立。

到 1939 年，法国女科学家佩里在研究锕的同位素 Ac—227 的 α 衰变产物时，从中发现了 87 号元素，并对它进行研究。为了纪念她的祖国，把 87 号元素称为 francium，元素符号为 Fr。

由于它的不稳定和稀有，钫还没有商业应用。它已经用于生物学和原子结构的研究领域。钫对癌症可能存在的诊断帮助也已经被深入研究了，但是被认为并不实用。

据估计，由于钫的半衰期很短，经计算，地壳中任何时刻钫的含量约为 30 克。这使它成为除砹之外的第二稀有的元素。即使是在含量最高的矿石中，每吨也只有 0.0000000000037 克。

钫可在铀矿及钍矿中发现，每 1×10^{18} 个铀原子中才能找到 1 个钫原子。也可透过以质子轰击钍而获得。或者通过以下核反应：$197Au + 18O \rightarrow 210Fr + 5n$。

在水中溶解度最大的气体

水有很好的溶解其他物质的能力，大多数物质都能或多或少地溶解在水里。动植物一般只能吸取溶解在水里的养料，因此，水是动植物生长不可缺少的一种物质。

我们知道，许多气体也是能够溶解在水里的。例如，二氧化碳能够溶解在水里，在通常情况下，1 体积的水能够溶解 1 体积的二氧化碳。空气也能溶解在水里。鱼类等生物体内所需的氧，就是从溶解在水里的"空气"中获得的。

各种气体在水里的溶解度是很不相同的。有些气体在水里的溶解度非常小，它们只能微溶于水。例如，氢气、氧气、氮气在 1 大气压和 20℃时，1 毫升水里所能溶解的体积还不到 1/10 毫升。

有些气体，在水中颇能溶解。例如，在 1 大气压和 20℃时，1 体积水能溶解 2.4 体积的硫化氢气体或 2.5 体积的氯气。它们的溶液，分别称为氢硫酸和氯水。

有些气体，在水中的溶解度非常大。例如，氯化氢在 1 大气压和 20℃时，1 体积水约能溶解 440 体积。氯化氢的水溶液，就是我们常用的盐酸。溶解度最大的气体要算氨（俗称阿摩尼亚，是一种有刺激性尿臭的气体），在和上述同样情况下，1 体积水约能溶解 700 体积氨气。它的水溶液，叫做氨水。

氨水是一种重要而且广为施用的肥料，它供给作物需要的氮素。氨很容易液化，把氨冷却到 –33℃，或在常温下加压到 7~8 个大气压，就能使氨气凝结成无色液体，同时放出大量的热。相反，液态氨也很容易气化，减低压强，它就急剧蒸发，并吸收大量的热，使周围温度迅速降低。利用氨的这种性质，液态氨常用在冷冻设备——冷藏库、电冰箱里。

氨是现代化学工业的最重要产品之一，可以用来制造硝酸、铵盐和炸药等。此外，氨在实验室里和医药上也有广泛的用途。

最奇妙的化合物

价格最高的水

　　水在地球上是取之不尽、用之不竭的最不稀罕的液体，根本谈不上什么价格。可是在化学上却有一种价格很高的水，这种水就是"重水"。

　　为了说明什么叫重水，就先从"重氢"谈起。氢原子有 3 种，第一种氢原子是氕（读作"撇"），化学符号为 H，它的质量为 1，是最轻的氢原子；第二种氢原子是氘（读作"刀"），化学符号为 D，它的质量为氕的 2 倍，通常叫做"重氢"；第三种氢原子是氚（读作"川"），化学符号为 T，它的质量为氕的 3 倍，通常叫作"超重氢"。在普通氢中，几乎全是氕，氘的含量为 0.017%，而氚的含量却微不足道。这 3 种氢原子的质量不同，但它们的化学性质相同，是氢的 3 种同位素。

　　2 个氕原子与 1 个氧原子（质量为 16）结合而成的水分子（H_2O），它的质量为 18（分子的质量为组成分子的各原子质量的总和，这里即 $2 \times 1 + 16$）；叫作"轻水"；2 个氘原子与 1 个氧原子结合而成的水分子（D_2O），它的质量为 20（即 $2 \times 2 + 16$），叫作"重水"。在普通水中几乎全是轻水，重水的含量极微。但轻水和重水分子里的氕、氘两种同位素会发生交换作用而生成的水分子（HDO）叫作"半重水"。

　　由于氘原子与氧原子的结合比氕牢固些，当通电分解普通水时，轻水首先分解成氕和氧，含氘的重水分子就留在电解槽里越聚越多，它的浓度因而也越来越大，经过这样的多次电解，最后获得的几乎是纯净的重水。但是用这种电解法去制备重水需要消耗大量的电能，因此在实际生产中常用特殊的方法，先把重水富集到较高浓度，再进行电解。

在化学性质上它们之间是有差异的。例如，盐类在重水中的溶解度比在普通水中小些。许多物质与重水发生反应比与普通水发生反应慢些。植物种子浸在重水中不能发芽，鱼类、虫类在重水中很快死亡，但在稀释的重水中却能生存。

重水在铀反应堆里用作中子减速剂，由于它分子中的氘原子核能有效地使中子减速而又几乎不吸收中子（石墨减速剂则吸收中子较多），因此用重水作减速剂，可以减少中子的损失，并可缩小反应堆的体积和重量。重水在普通水里含量极微，制取困难，因而成本很高，价格昂贵。几年以前，1 立方米重水的最低价格约为 30 万美元。

123

酸 性 最 强 的 化 合 物

化学上有一大类化合物叫做酸类。其中如硫酸、盐酸、硝酸等，对我们发展生产、巩固国防以及提高人民物质文化生活水平等方面，都起着重要作用。这几种酸的酸性都很强，人们把它们叫做三大强酸。又如，食醋中含有的醋酸，蜂、蚁等昆虫的分泌液中含有的蚁酸，以及葡萄、柠檬等果实中含有的柠檬酸等，也都属于酸类。不过它们的酸性都比较弱，是一些弱酸。

由于酸类物质在水溶液中都能不同程度地离解而生成氢离子（带 1 个单位正电荷的氢原子），因而它们都有一些共同的性质。例如，酸溶液都有酸味，能使紫色石蕊（一种有机色素）试液

高氯酸

变成红色，能跟镁、锌、铁等活泼金属起反应，通常放出氢气，等等。所谓强酸或弱酸，只是在这些性质上程度有强弱不同而已。

在已知酸中，酸性最强的要算高氯酸。它是一种无色液体，除具有酸类物质的共同性质外，它在空气中会强烈发烟，腐蚀性很强，溅在皮肤上会引起疼痛、烧伤。它有很强的氧化其他物质的能力，一遇到纸、炭、木屑等易燃物，就会引起燃烧和爆炸。受热易分解，温度超过90℃，也会发生爆炸。不过当它溶于水后，却稳定得多。在制取和使用高氯酸时，要特别注意安全。

碱性最强的化合物

化学上另有一大类化合物叫做碱类。如大家比较熟悉的烧碱（氢氧化钠）、熟石灰（氢氧化钙）以及用作肥料的氨水等都属于碱类。前两种物质是强碱，后一种是弱碱。碱类物质能离解生成带1个单位负电荷的氢氧根离子，它们也有一些共同的性质。例如，碱溶液都有涩味，能使紫色石蕊试液变成蓝色，等等。

在已知碱中，碱性最强的是氢氧化铯。它是一种无色晶体，易溶于水，溶解时会放出大量的热。1千克氢氧化铯溶于水后，约能放出460千焦的热量，这些热量能使1000毫升水温度升高110℃。当露置空气中时，它会吸收其中的水分而潮解。氢氧化铯有很强的腐蚀性，能严重地侵蚀皮肤、衣服、纸张、玻璃和陶瓷等物。对于强碱的腐蚀性，从我们熟悉的熟石灰和烧碱可以体验到一些，虽然它们的碱性还不如氢氧化铯的强，但对皮肤、衣服等物同样有很强的腐蚀能力。俗话说，石灰浆会"咬手"，就是表明它能够伤害皮肤的意思。

我们如果长时间在肥皂水里洗衣服，常会使手上皮肤起皱，甚至脱皮、裂口，也是肥皂水里有少量碱性物质——氢氧化钠的缘故。因此，在使用这些强碱时要特别小心！

最好的人工降雨剂

人工降雨一般有2种方法。一种是暖云降雨。暖云里必须有足够大的水滴才能下雨。为了促使暖云降雨，可以用飞机向云中喷撒适量的吸湿性物质，如粉末状的氯化钠、氯化钙、尿素等。它们能很快吸收水蒸气成为水珠而导致降雨。

还有一种是冷云降雨。冷云里必须有足够的冰晶才能下雨。为了促使冷云降雨，可以用飞机或火箭将碘化银撒播到云层里。碘化银是一种黄色晶体，由于见光后会分解，一般应保存在棕色瓶内并放于暗处。通常它与是氯化银、溴化银一样作为照相底片的感光剂使用的。但随着人们对人工降雨的研究，要寻找与冷云里冰晶形状相似的物质，以便增加冷云中的冰晶而导致降雨，结果找到了碘化银。它的晶体外形与冷云中自然冰晶的外

人工降雨

形相似。人们给这种晶体取了个名字叫"人造冰晶"。工作时，把碘化银先溶解在氨水里，然后用飞机喷洒。氨水易挥发，碘化银晶体很快析出来，飘浮在冷云中，天空中的水蒸气就在碘化银晶体上凝聚变成雪花。如果云层下的温度低于0℃，就下一场鹅毛大雪。如果云层下的温度高于0℃，雪花就融化成雨滴，下的是一场瓢泼大雨。据测定，1克碘化银可以变成10万亿颗人造冰晶。

除碘化银外，也可以用干冰作降雨剂。干冰是固体二氧化碳，它的晶体好似雪花，在－78℃时直接气化。当干冰撒到云里，高空的温度就迅速下降，干冰周围空气里的水蒸气便凝结成亿万颗微小的冰晶而导致降雨。一般每千米要撒播1克～10千克干冰。而以碘化银作人工降雨剂时，用量比干冰少得多，一般每千米只要用0.01～0.1克就够了。迄今为止，碘化银被认为是性能最好的一种人工降雨剂。同时，也还被用来消除冰雹。这是由于碘化银在高空能产生亿万颗人造冰晶，使水蒸气分散凝结，不致形成又

125

大又重的冰雹。但由于碘化银用量多，价格昂贵，银的资源有限，且不能回收，因此世界各国都在纷纷寻找新的人工降雨剂和消雹剂。

最甜的有机化合物

在有机化合物中，有一类化合物叫做糖，又称碳水化合物。根据糖分子结构的繁简，可分为单糖（如葡萄糖、果糖）、二糖（如蔗糖、麦芽糖）和多糖（如淀粉、纤维素）。它们在自然界分布很广，与人类生活的关系极为密切。其中，有的是生物体内热和能量的主要源泉，例如葡萄糖、淀粉。有的是植物和某些动物的支持保护物，例如草木中的纤维素和动物甲壳所含的甲壳质中的壳糖等。

不少的糖都具有甜味，其中果糖是一种最甜的糖。果糖常和葡萄糖共同存在于蜂蜜及甜的果实中，它也是蔗糖灼主要组分。工业上是用菊粉（是一种多糖，存在于菊芋等植物中）在无机酸或酶的作用下，经过水解而制得的。它是一种白色晶体，能溶于水，常用作营养剂和防腐剂等。

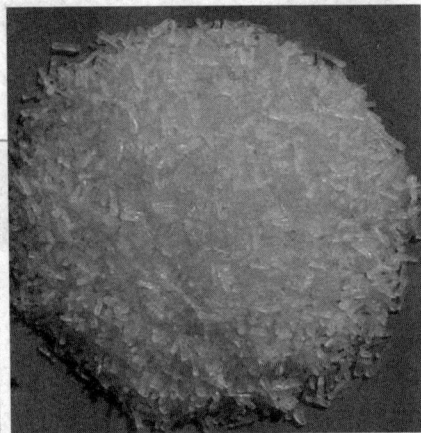
糖　精

市场上出售的糖精，论甜味要比蔗糖大 300～500 倍，也比果糖甜得多，但它并不是糖，因而不能说它是最甜的糖。食用少量糖精虽然无毒，可是也无营养价值。一般用于制糖浆、饮料、食品和酒类等，只不过增加这些物品的甜味而已。

产量最多的合成橡胶

在热带植物中有一种高大的橡胶树，当人们用刀在树干上割开一条切口时，便会流出牛奶状的白色树汁。这种树汁叫做胶乳。若将胶乳经过凝聚、

126

天然橡胶

脱水等加工，便得到固体的橡胶——天然橡胶。然而，天然橡胶在数量和性能方面，都满足不了工农业生产、国防建设和科学技术等方面日益发展的需要，于是合成橡胶在 20 世纪初开始诞生，40 年代起得到了迅速的发展。合成橡胶的历史并不长，但是后来居上，产量迅速超过了天然橡胶。

1940 年，全世界天然橡胶的产量为 143 万吨，合成橡胶的产量为 4 万多吨，只有天然橡胶的 1/35。到了 1970 年，全世界天然橡胶的产量为 228 万吨，而合成橡胶的产量已达 600 万吨以上，大大超过了天然橡胶。

石油、煤、天然气等是生产合成橡胶的主要原料。例如，石油经加工可得到丁二烯和苯乙烯，再经过共聚合成丁苯橡胶。丁苯橡胶是当前世界上产量最多的合成橡胶。合成橡胶的品种除丁苯橡胶外，还有顺丁橡胶、异戊橡胶、氯丁橡胶、乙丙橡胶、丁基橡胶等。合成橡胶在某些性能上已远远超过天然橡胶。如丁苯橡胶比天然橡胶还要耐磨得多。人们做过这样的试验，在同一辆汽车上，一边装天然橡胶轮胎，一边装丁苯橡胶轮胎。行驶了 100

合成橡胶材料

千米以后，把轮胎拆下来称称重量，天然橡胶轮胎磨损了89克，丁苯橡胶轮胎只磨损64克。此外，丁苯橡胶在电绝缘性和防老化性能等方面，也比天然橡胶好。

橡胶最主要的用途是制造轮胎。全世界生产的橡胶，大约有80%是用来制造轮胎的。一辆普通的载重汽车就需橡胶200多千克，一架喷气式飞机要用10万个橡胶零部件。至于现代尖端科学技术的发展，如导弹、火箭、宇宙飞船等，更是需要大量的耐高温、耐低温、耐油和气密性很好的各种不同性能的特种橡胶。在农业生产中，排灌用的皮管、水泵和农业机械上的轮胎、胶带，输送电力用的电线和电缆包皮等，都要用橡胶制造。橡胶在国民经济中占有十分重要的地位。

除锈效果最好的化合物

盐酸是除锈效果最好的物质，在生活中去除钢铁表面的锈蚀多采用盐酸除锈的方法，由于强调生产，追求产量，使酸洗液一直处于较高浓度，而忽视了酸洗液的最佳浓度的控制与维护，许多厂家简单地采取每周更新一次酸液，或长期不更换酸液，只是经常倒掉一些新酸洗液，添加一些新酸洗液，造成盐酸耗量过高，增加了生产成本，并对环境造成了一定的污染。

研究表明，酸洗速度快慢不仅要考虑酸洗液的浓度，而重要的是决定于$FeCl_2$在该盐酸浓度下的饱和程度。当盐酸浓度达到10%时，$FeCl_2$饱和度48%；当浓度达到31%时，$FeCl_2$饱和度只5.5%，同时$FeCl_2$饱和度随温度上升而增大。要在最短时间内，使酸洗后的钢铁表面达到最佳清洁表面，关键在于选择盐酸的浓度、$FeCl_2$含量与在该盐酸浓度下的溶解度。因此要提高酸洗速度既要有适当盐酸浓度和一定的$FeCl_2$含量，又要有较高的$FeCl_2$溶解量，在这3个参数中，尤其以盐酸浓度最为重要，降低盐酸浓度不但能够容纳较多的$FeCl_2$含量，而且还不易饱和，从而较好地解决钢铁制品酸洗质量。

实践证明，盐酸浓度范围控制过窄、过宽，对操作、生产都带来一定的难度。根据连续生产实际及人为诸多因素的影响，推荐使用盐酸浓度控制在8%~13%，酸液温度在20~40℃，酸液比重为1.35~1.20，可以较好地满足生产的需要，最大限度地提高酸液使用寿命。$FeCl_2$ 含量高，则盐酸浓度可相应取低值；$FeCl_2$ 含量低，盐酸浓度可取高值。在具体操作上，要经常防止酸液浓度降低和酸液面高度下降，需要补充新酸。添加酸时必须做到一勤二少，即加酸要勤，每次加酸量宜少。如果冬季酸洗速度慢可以加温至 20~25℃，$FeCl_2$ 含量过高，酸液比重超过 1.35 时，可用水稀释最后达到酸液比重不大于 1.22 即可。

为了解决盐酸酸洗槽在存放和工作中有大量的酸雾散发，造成环境酸雾污染以及在酸洗钢铁时产生铁基体的溶解，造成过腐蚀和氢脆的问题，可使用高效酸雾抑制剂、缓蚀剂与盐酸溶液配制成常温高效除锈液，在常温下去除氧化皮，除锈速度快，不产生过腐蚀，工件表

铁 锈

面及内在质量均得到提高，酸槽附近基本闻不到盐酸刺鼻味，除锈率不低于98%。连续添加使用可延长除锈液及设备的使用寿命，并可节约燃料和能耗。其酸洗液配制及工艺条件如下：（重量百分比）盐酸（33%）55，除锈添加剂 10，水 35，温度 20~40℃。该除锈添加剂由有机酸、烷基硫酸钠、六次甲基四胺、聚乙二醇、磷酸和水组成。

工业上制取盐酸时，首先在反应器中将氢气点燃，然后通入氯气进行反应，制得氯化氢气体。氯化氢气体冷却后被水吸收成为盐酸。在氯气和氢气的反应过程中，有毒的氯气被过量的氢气所包围，使氯气得到充分反应，防止了对空气的污染。在生产上，往往采取使另一种原料过量的方法，使有害的、价格较昂贵的原料充分反应。

膨胀系数最小的化合物

硅的氧化物，常见的一种是二氧化硅。自然界里的二氧化硅，总称硅

石，但有很多别名。纯净的结晶硅石叫做石英。不同形态的石英矿又有不同的名称，如其中无色透明呈六棱柱晶体的叫做水晶。水晶因混有少量杂质而使晶体呈现不同颜色的，分别叫做紫水晶、烟水晶等。普通的沙呈细小的硅石颗粒，是不透明的。洁白的海沙比较纯净，一般的沙有较多量杂质（铁质），使颜色带黄或淡红。

石英玻璃

硅石常和其他化合物共存在一起，构成复杂的岩石，如花岗岩、片麻岩等。而普通的沙，是它们的风化产物。二氧化硅的性质非常稳定，在常温下，除氟化氢和浓碱外，几乎不跟其他物质反应。它不溶于水。在高温下能熔化，但不挥发，也不分解，冷却后，变成透明或半透明的玻璃状物质，叫做石英玻璃。

石英玻璃和普通玻璃不同，能透过紫外线。用于制作医疗等方面用的水银灯。石英玻璃的膨胀系数是已知物质中最小的，即使把它加热到红热，立即放到冷水里，也不会破裂；而且把它加热到 1400℃ 左右，也不发软。因此可以用来制造耐温度剧烈变化的化学仪器，如石英坩埚、氯化氢合成塔里的燃烧管等。

耐腐蚀性最好的工程塑料

塑料、合成纤维、合成橡胶都是由人工合成的，习惯上称它们为三大合成材料。目前，世界各国正大力发展石油化工，其中一个重要的目的，就是要发展三大合成材料工业，以满足工农业、国防、尖端技术和人民生活的广泛需要。

塑料的品种很多，据它们受热时性能表现的不同，可分为热塑性和热固性 2 大类。①受热时软化，冷却时变硬，可以反复受热塑制的塑料，叫热塑性塑料。如聚氯乙烯，它大量地被用作农用薄膜、电线和电缆的包皮、软管等。又如聚乙烯，用它制成的薄膜作食品、药物的包装材料和制日常用品等。②受热不能再软化，只能塑制一次的塑料，叫热固性塑料。如酚醛塑料，它大量地用作电工器材、仪器外壳等。

塑料有许多优点。首先是比重小，一般塑料和金属相比，大约是钢的 1/5、铝的 1/2。若在加工时加入发泡剂制成泡沫塑料，重量就

塑料椅

更轻，只有水的 1/50～1/30，它是很好的保温、隔热和防震材料。此外，塑料还具有优良的电绝缘性、耐磨、耐化学腐蚀、不易传热等性能。但普通的塑料也有不足之处，最大的缺点是机械强度较差，受热变软，受冷变硬，在日光下长期曝晒也会变硬脆或软黏。

随着工业、国防以及尖端技术的飞速发展，对塑料提出了新的性能要求，因而出现了工程塑料。工程塑料一般是指机械强度比较高，可以代替金属用作工程材料的一类塑料。这类塑料广泛用于机械制造工业、仪器仪表工业、电气电子工业等方面。同时，在宇宙飞行、火箭导弹、原子能等尖端技术中，工程塑料也成为不可缺少的材料。

在工程塑料中有一种被誉为塑料王的聚四氟乙烯，它是 1945 年出现的品种。它非常耐腐蚀，不论是强酸强碱（如硫酸、盐酸、硝酸、王水、氢氧化钠等），还是强氧化剂（如重铬酸钾、高锰酸钾等），都不能动它的半根毫毛。也就是说，它的耐腐蚀性超过了玻璃、陶瓷、不锈钢以至黄金和铂。因为玻璃、陶瓷怕碱，不锈钢、黄金、铂在王水中也会被溶解，而聚

四氟乙烯在沸腾的王水中煮几十小时，却依然如故。因而它是耐化学腐蚀性最强的工程塑料。聚四氟乙烯在水中不会被浸湿，也不会膨胀。据试验，在水中浸泡了一年，重量也没有增加。此外，聚四氟乙烯具有优异的电绝缘性，以及耐寒、耐热的特性，在冷至 -195℃ 和热到 250℃ 时均可应用。

正因为聚四氟乙烯有这么许多难能可贵的特性，使它特别受到人们的重视，日益得到广泛的应用。例如，在冷冻工业上，人们已经开始用聚四氟乙烯来制造低温设备，用来生产贮藏液态空气。在化学工业中，用来制造耐腐蚀的反应罐等。电器工业方面，用它作电线包皮，在金属裸线上包上 15 微米厚的聚四氟乙烯，就能很好地使电线彼此绝缘。另外，也用它制造雷达、高频通讯器材、短波器材等。原子工业和航空工业用的特种材料，也离不开聚四氟乙烯。不过，聚四氟乙烯的成本比较高，加工也比较困难，因此在生产上还受到一定限制。

最致人发笑的气体化合物

一氧化二氮，无色有甜味气体，又称笑气。是一种氧化剂，化学式 N_2O，在一定条件下能支持燃烧（同氧气，因为笑气在高温下能分解成氮气和氧气），但在室温下稳定，有轻微麻醉作用，并能致人发笑，能溶于水、乙醇、乙醚及浓硫酸。其麻醉作用于 1799 年由英国化学家汉弗莱·戴维发现。该气体早期被用于牙科手术的麻醉，是人类最早应用于医疗的麻醉剂之一。它可由 NH_4NO_3 在微热条件下分解产生，产物除 N_2O 外还有一种，此反应的化学方程式为）$NH_4NO_3 \longrightarrow N_2O\uparrow + 2H_2O$；等电子体理论认为 N_2O 与 CO_2 分子具有相似的结构（包括电子式），则其空间构型是直线型，N_2O 为极性分子。

1772 年，英国化学家普利斯特利发现了一种气体。他制备一瓶气体后，把一块燃着的木炭投进去，木炭比在空气中烧得更旺。他当时把它当作"氧气"，因为氧气有助燃性。但是，这种气体稍带"令人愉快"的甜味，同无臭无味的氧气不同；它还能溶于水，比氧气的溶解度也大得多。它是什么，成了一个待解的"谜"。

事隔 26 年后的 1798 年，普利斯特利实验室来了一位年轻的实验员，他的名字叫戴维。戴维有一种忠于职责的勇敢精神，凡是他制备的气体，都要亲自"嗅几下"，以了解它对人的生理作用。当戴维吸了几口这种气体后，奇怪的现象发生了：他不由自主地大声发笑，还在实验室里大跳其舞，过了好久才安静下来。因此，这种气体被称为"笑气"。

戴维发现"笑气"具有麻醉性，事后他写出了自己的感受："我并非在可乐的梦幻中，我却为狂喜所支配；我胸怀内并未燃烧着可耻的火，两颊却泛出玫瑰一般的红。我的眼充满着闪耀的光辉，我的嘴喃喃不已地自语，我的四肢简直不知所措，好像有新生的权力附上我的身体。"

不久，以大胆著称的戴维在拔掉龋齿以后，疼痛难熬。他想到了令人兴奋的笑气，取来吸了几口。果然，他觉得痛苦减轻，神情顿时欢快起来。

笑气为什么具有这些特性呢？原来，它能够对大脑神经细胞起麻醉作用。但大量吸入可使人因缺氧而窒息致死。

1844 年 12 月 10 日，美国哈得福特城举行了一个别开生面的笑气表演大会。每张门票收 0.25 美元。在舞台前一字排列着 8 个彪形大汉，他们是特地被请来处理志愿吸入笑气者可能出现的意外事故。

有一个名叫库利的药店店员走上舞台，志愿充当笑气吸入的受试人。当库利吸入笑气后，欢快地大笑一番。由于笑气的数量控制得不好，他一时失去了自制能力，笑着、叫着，向人群冲去，连前面有椅子也未发现。库利被椅子绊倒，大腿鲜血直流。当他一时眩晕并苏醒后，毫无痛苦的神情。有人问他痛不痛，他摇摇头，站起身来就走了。

库利的一举一动，引起观众席上一位牙医韦尔斯的注意。他想，库利跌碰得不轻，为什么他不感到疼痛？是不是"笑气"有麻醉的功能？当时，还没有麻醉药，病人拔牙时和受刑差不多，很痛苦。于是，他决定拿自己来做实验。

一天，韦尔斯让助手准备拔牙手术器具，然后吸入"笑气"，坐到手术椅上，让助手拔掉他一颗牙齿。牙拔下了，韦尔斯一点也不觉得疼。于是，"笑气"作为麻醉剂很快进入医院，并被长期使用着。

最先合成的稀有气体化合物

自从人们发现在大气中除了氧气和氮气外，还存在氦、氖、氩、氪、氙等稀有气体以后，稀有气体的惰性一直被看成是绝对的东西。总认为这些气体的化学性质极不活泼，对任何物质都不起化学作用。这种错误的看法，影响着人们对稀有气体作进一步研究。没有找到它们和其他物质发生化学反应的适宜条件，反而说它们"懒惰"，把这些气体叫做惰性气体，实在有些冤屈它们了。

1962 年，加拿大化学家巴特立把等体积的六氟化铂蒸气和氙混和在一起，在室温下就能起反应，结果得到一种叫做六氟合铂酸氙的红色固体，这是稀有气体的第一个化合物。这个发现，大大震动了当时的科学界，促使人们进一步研究氙和最活泼的元素氟以及氧的反应，在不多的几年内，就合成了氙的许多含氟和含氧的化合物，还合成了一些氪的化合物。据不完全统计，目前已合成了 120 多种稀有气体的化合物。

关于稀有气体的化合物的应用，从理论上推测，由于它们都很不稳定，容易分解放出氧或氟，所以是很强的氧化剂或是有效的氟化剂。它们有可能用于火箭燃料系统作高能氧化剂，也可能用于合成高分子化合物作催化剂，还可能用作强烈的爆炸剂。不过目前这些应用，只局限在科学实验阶段，由于这些化合物的高度不稳定性，在实际应用上受到一定限制，还没有能实现。

最易 "结冰" 的气体化合物

二氧化碳是和一切动植物生活密切有关的气体。人以及其他动物呼出的气体里含有多量的二氧化碳；煤炭、木材、汽油、煤油以及天然气等燃料燃烧时都有二氧化碳生成；动植物腐烂时也有二氧化碳产生。但在另一方面，二氧化碳又是一切绿色植物不可缺少的养料。在日光下，绿色植物吸收了空气里的二氧化碳，经过复杂的化学变化，最后转变成为它们的体质。由于这样的原因，大气里二氧化碳的含量基本上保持不变。

二氧化碳气体很易液化，在平常温度下，只要把压强增加到 60 个大气压，它就变成无色的液体。液态二氧化碳平时贮存在坚固的圆形钢筒里。当把液态二氧化碳从钢筒里倒出时，其中一部分迅速蒸发并吸收大量的热，使其余部分液态二氧化碳的温度急剧下降，最后凝成雪状的固体。经过压缩后的外形像冰，称做"干冰"。

"干冰"是一种比冰更好的致冷剂（就是能够产生低温的物质）。它冷却的温度比冰低得多，利用"干冰"，可以产生 –78℃ 的低温。而且，"干冰"溶化时，不会像冰那样变成液体，使冷藏物品受潮或污损。它直接蒸发成为温度很低的、干燥的二氧化碳气体，围绕于冷藏物品的四周，因此它的

干 冰

冷藏效果特别好。"干冰"现在用来保藏容易腐烂的食品。

强度最好和产量最大的合成纤维

供纺织用的纤维，按原料来源可分为 2 大类：①直接来源于自然界的，如棉、麻、丝、毛等，叫天然纤维；②用化学方法制取的，叫做化学纤维。

化学纤维又分为 2 种：①利用稻草、甘蔗渣、木材、芦苇、猪毛等天然纤维为原料，经过化学加工而制成的能供纺织用的纤维，叫做人造纤维，如人造丝、人造棉、人造毛等。②以合成树脂为原料制成的可供纺织用的纤维，叫做合成纤维。

石油、天然气、煤、食盐、石灰石以及农林产品，都可以作为合成纤维的基本原料。合成纤维的原料来源很广，资源丰富，它的生产不受地理和气候条件的影响，因此，它有着极广阔的发展前途。

近几十年来，合成纤维工业发展得非常快。1940年，全世界棉花产量为622.8万吨，而合成纤维刚刚诞生，产量只有5000吨。1970年，全世界棉花产量为1113万吨，合成纤维产量已经上升到483万吨。

合成纤维

棉 花

有人估计，每年全世界的合成纤维产量将达1200万吨左右，可能接近或超过棉花产量。几百年来产量最大的天然纤维棉花，即将让位给合成纤维了。最重要的合成纤维是锦纶（尼龙）、涤纶、腈纶、维尼纶和丙纶，合起来称为"五大纶"。而锦纶是合成纤维中最早（1939年）投入工业生产的，它也是现在世界上产量最大的合成纤维。它非常结实，强度比棉花高2~3倍，比羊毛高4~5倍；耐磨性比棉花高10倍，比羊毛高20倍，重量比同体积的棉花轻35%；它又比棉花耐腐蚀，不怕虫蛀。用它做成的衣服，既漂亮，又耐穿，既可织成薄如蝉翼的透明薄纱，也可织成比较厚实的华达呢之类的织物，还可以织成各种针织品。锦纶在工业、渔业、国防等方面也有着广泛用途。锦纶做的绳子，结实牢固，一根手指粗的绳子便能吊起一辆满载 4 吨货物的卡车。现在渔民用的鱼网，登山队员用的登山索，军用的轻巧绳梯、索桥、船缆以及降落伞等，都是用锦纶制造的，这是由于这一纤维是合成纤维中强度最大的。

锦纶在 179℃ 时开始软化，所以在使用过程中，最高熨烫温度最好在 120℃ 以下，否则锦纶就有黏结、熔化的危险。此外，它虽然对碱、汽油等有机溶剂的作用比较稳定，但它对酸和漂白粉的作用非常敏感，在通常温度下，硫酸、硝酸、盐酸等都能使它溶解。樟脑或卫生球（萘）会引起纤维结构的膨胀、松散而降低强度，并使织物易变形。因此，保存合成纤维不宜放樟脑或卫生球。

目前，合成纤维的主要产品，我国基本上都已有生产；在产品质量、生产技术和设备制造方面也都得到了较快的发展和提高。据计算，一个年产 1 万吨合成纤维的工厂，一年内所生产的纤维，相当于大约 30 万亩棉田一年所收获的棉花。由此可见，发展合成纤维工业，不仅能使人民衣着更加丰富多彩，而且对整个国民经济也有十分重要的作用。

自然界中最简单的有机化合物

甲烷是无色、无嗅气体，其分子是正四面体形、非极性。甲烷在自然界分布很广，是天然气、沼气、油田气及煤矿坑道气的主要成分。它可用作燃料及制造氢气、碳黑、一氧化碳、乙炔、氢氰酸、甲醛等物质的原料。

据德国核物理研究所的科学家经过试验发现，植物和落叶都产生甲烷，而生成量随着温度和日照的增强而增加。另外，植物产生的甲烷是腐烂植物的 10～100 倍。他们经过估算认为，植物每年产生的甲烷占到世界甲烷生成量的 10%～30%。

甲烷是 21 世纪的主要能源，甲烷是一种可燃性气体，而且可以人工制造，所以，在石油用完之后，甲烷将会成为重要的能源。

人体中最具重要性的化学元素

人体中最重要的常量元素

人体内每种元素都有着自己特定的作用，它们彼此之间相辅相成，在人体中构成一个化学平衡，维系着人体的生命活力。

钙

钙是人体中重要因素，居体内各组成元素的第五位，最丰富的元素之一，同时也是含量最丰富的矿物质元素，它占人体总重量的1.5%～2.0%。

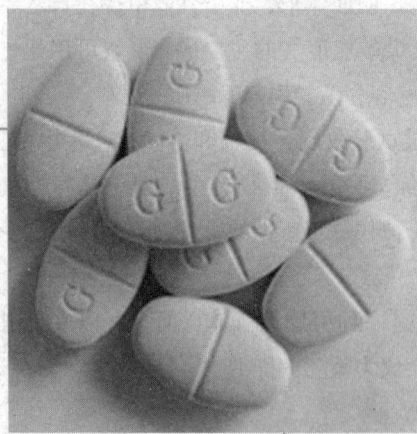

钙 片

大约99%的钙集中在骨骼和牙齿内，其余分布在体液和软组织中。血液中的钙不及人体总钙量的0.1%。正常人血浆或血清的总钙浓度比较恒定，平均为2.5摩尔/升（9～11毫克/分升）；儿童稍高，常处于上限。随着年龄的增加，男子血清中钙、总蛋白和白蛋白平行地下降；而女子中的血清钙却增加，总蛋白则降低，但依旧比较稳定。

钙的生理功用

（1）钙是构成骨骼和牙齿的主要成分，起支持和保护作用。

（2）钙对维持体内酸碱平衡，维持和调节体内许多生化过程是必需的，它能影响体内多种酶的活动，如 ATP 酶、脂肪酶、淀粉酶、腺苷酸环化酶、鸟苷酸环化酶、磷酸二酯酶、酪氨酸羟化酶、色氨酸羟化酶等均受钙离子调节。钙离子被称为人体的"第二信使"和"第三信使"，当体内钙缺乏时，蛋白质、脂肪、碳水化合物不能充分利用，导致营养不良、厌食、便秘、发育迟缓、免疫功能下降。

（3）钙对维持细胞膜的完整性和通透性是必需的。钙可降低毛细血管的通透性，防止渗出，控制炎症与水肿。当体内钙缺乏时，会引起多种过敏性疾病，如哮喘、荨麻疹（俗称风块、鬼风疙瘩）、婴儿时湿疹、水肿等。

（4）钙参与神经肌肉的应激过程。在细胞水平上，作为神经和肌肉兴奋—收缩之间的耦联因子，促进神经介质释放和分泌腺分泌激素的调节剂，传导神经冲动，维持心跳节律等。当神经冲动到达神经末梢的突触时，突触膜由于离子转移产生动作电位（钾—钠 ATP 酶作用下的钾—钠泵运转），细胞膜去极化。钙离子以平衡电

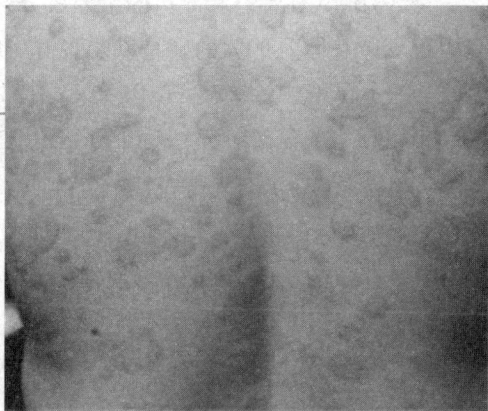

荨麻疹

位差的方式内流进入细胞，促进神经小泡与突触膜接触向突触间隙释放神经递质。这一过程中钙离子细胞膜内外转移是必需的，同时还依靠钙转移的浓度对反应强度进行调节，钙浓度高时反应强，反之则弱。由于钙的神经调节作用对兴奋性递质（乙酰胆碱、去甲肾上腺素）和抑制性递质（多巴胺、5‑羟色胺、γ‑羟基丁酸）具有相同的作用，因此当机体缺钙时，神经递质释放受到影响，神经系统的兴奋与抑制功能均下降，在幼儿表现

较明显，常见为易惊夜啼、烦躁多动、性情乖张和多汗。中老年表现为神经衰弱和神经调节能力和适应能力下降。

（5）钙参与血液的凝固、细胞黏附。体内严重缺钙的人，如遇外伤可致流血不止，甚至引起自发性内出血。

近年医学研究证明，人体缺钙除了会引起动脉硬化、骨质疏松等疾病外，还能引起细胞分裂亢进，导致恶性肿瘤；引起内分泌功能低下，导致糖尿病、高脂血症、肥胖症；引起免疫功能低下，导致多种感染；还会出现高血压、心血管疾病、老年性痴呆等。

磷

正常人体中含磷量 $750 \sim 1130$ 克，居体内各组成元素的第六位。常见的氧化形式有 -3、$+3$ 和 $+5$ 价，其中对生命有实际意义的是 $+5$ 价。

磷是构成人体骨骼和牙齿的主要成分。骨骼和牙齿中的磷占人体总磷量的85%。身体内90%的磷是以磷酸根（PO_4^{3-}）的形式存在。牙釉质的主要成分是羟基磷灰石 $Ca_{10}(OH)_2(PO_4)_6$ 和少量氟磷灰石 $Ca_{10}F_2(PO_4)_6$、氯磷灰石 $Ca_{10}Cl_2(PO_4)_6$ 等。羟基磷灰石是不溶性物质。当糖吸附在牙齿上并且发酵时，产生的 H^+ 和 OH^- 结合生成 H_2O 及 PO_4^{3-}，就会使羟基磷灰石溶解，使牙齿受到腐蚀。如果用氟化物取代羟基磷灰石中的 OH^-，生成的氟磷灰石能抗酸腐蚀，有助于保护牙齿。磷也是构成人体组织中细胞的重要成分，它和蛋白质结合成磷蛋白，是构成细胞核的成分。此外，磷酸盐在维持机体酸碱平衡上有缓冲作用。成年人每天摄取 $800 \sim 1200$ 毫克磷就能满足人体的需要。当人体中缺磷时，就会影响人体对钙的吸收，就会患软骨病和佝偻症等。因此，必须注意摄取

氯磷灰石

含磷的食物。成年人膳食中钙与磷的比例以 1.5∶1.1 为宜。初生儿体内钙少，钙与磷的比例可接近 5∶1。

磷摄入或吸收的不足会出现低磷血症，引起红细胞、白细胞、血小板的异常，软骨病；因疾病或过多的摄入磷，将导致高磷血症，使血液中血钙降低导致骨质疏松。

如果摄取过量的磷，会破坏矿物质的平衡和造成缺钙。因为磷几乎存在于所有的天然食物中，在日常饮食中就摄取了丰富的磷，不必再专门补充。特别是 40 岁以上的人，由于肾脏不再帮助排出多余的磷，因而会导致缺钙。为此，应该减少食肉量，多喝牛奶，多吃蔬菜。

一般国家对磷的供给量都无明确规定。因 1 岁以下的婴儿只要能按正常要求喂养，钙能满足需要，磷必然也能满足需要；1 岁以上的幼儿以至成人，由于所吃食物种类广泛，磷的来源不成问题，故实际上并无规定磷供给量的必要。一般说来，如果膳食中钙和蛋白质含量充足，则所得到的磷也能满足需要。

美国对磷的供给量有一定的规定，其原则是出生至 1 岁的婴儿，按钙/磷比值为 1.5∶1 的量供给磷；1 岁以上，则按 1∶1 的量供给磷。

人类的食物中有很丰富的磷，几乎所有的食物都含磷，特别是谷类和含蛋白质丰富的食物，常用的含磷食品主要有豆类、花生、鱼类、肉类、核桃、蛋黄等。在人类所食用的食物中，无论动物性食物或植物性食物都主要是其细胞，而细胞都含有丰富的磷。故人类营养性的磷缺乏是少见的。但由于精加工谷类食品的增加，人们也在面临着磷缺乏的危险。

豆 奶

镁

人类开始对镁的生理作用的研究，是从 20 世纪 70 年代末至 80 年代初开始的，而对人体镁缺乏症，直到最近几年才引起注意。1995 年在美国举行的一次营养学会议上，专家们估计，美国人患镁缺乏症的人数占总人数的 20％ 以上，个别地区竟达 80％ 以上，这个数字实在令人震惊！

镁在人体中起着至关重要的作用。成年人体内含镁量为 20 ~ 30 克，70％ 的镁以磷酸盐和碳酸盐的形式存在于骨骼和牙齿中，其余 25％ 存在于软组织中。人体内到处都有以镁为催化剂的代谢系统，有 100 个以上的重要代谢必须靠镁来进行，镁几乎参与人体所有的新陈代谢过程。在人体细胞内，镁是

镁绿泥石

第二重要的阳离子（钾第一），其含量也次于钾。镁具有多种特殊的生理功能，它能激活体内多种酶，抑制神经异常兴奋性，维持核酸结构的稳定性，参与体内蛋白质的合成、肌肉收缩及体温调节。镁影响钾、钠、钙离子细胞内外移动的"通道"，并有维持生物膜电位的作用。

钾

氯化钠、氯化钾溶于水中产生钠离子、钾离子和氯离子，它们的重要作用是控制细胞、组织液和血液内的电解质平衡，这种平衡对保持体液的正常流通和控制体内的酸碱平衡是必要的。

氯是胃液中胃酸的成分，胃酸主要是盐酸组成，所以氯是重要的生命必需元素。尽管钾在人体内占总矿物元素含量的 5％，仅次于钙和磷，但也许是因为食物中都含有充足的钾而不易引起缺乏，以至于人们未能认识到

钾对于机体健康的重要性。人体内钾 70% 存在于肌肉，10% 在皮肤，其余在红细胞、骨髓和内脏中。

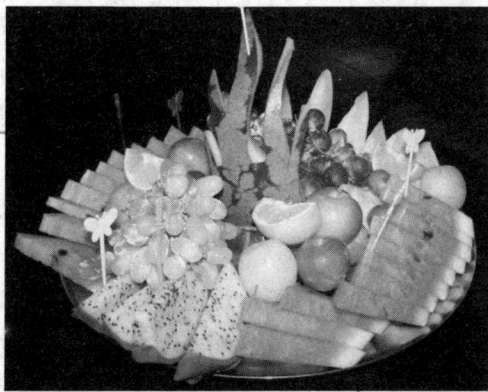

胃结构图

胃小弯　贲门口　胃底
贲口切迹
胃区
胃小凹
幽门瓣
十二指肠上部
幽门口
幽门括约肌　幽门窦　角切迹
胃道
胃大弯

钾作为人体的一种常量元素，在维持细胞内的渗透压和维持体液酸碱性平衡，维持机体神经组织、肌肉组织的正常生理功能以及在细胞内糖和蛋白质代谢等方面具有重要的意义，机体中大量的生物学过程都不同程度地受到血浆钾的浓度影响。值得注意的是，钾的大部分生理功能都是在与钠离子的协同作用中表现出来的，因此，维持体内钾、钠离子的浓度平衡对生命活动是十分重要的。

一般成人每天摄取 2 ~ 2.5 克的钾是比较合适的。钾广泛存在于各种动植物食物中，肉类、蔬菜以及水果都是钾的良好食物源，尤其是大豆、花生仁、虾米中更含有丰富的钾，马铃薯、香蕉、番茄、橙子以及肉类、鱼类都含有较多的钾。

在人体内钠离子、钾离子和氯离子三种离子都应保持平衡，任何一种离子不平衡，都会对身体产生影响。例如运动员在激烈的运动过程中大量出汗，汗水中除了水分外，还含有 Na^+、K^+ 和 Cl^- 等离子，因此，出汗太多，使体内 Na^+、K^+ 和 Cl^- 等离子浓度大为降低，促使肌肉和神经受到影响，导致运动员出现恶心、呕吐，严重的出现衰竭和肌肉痉挛。所以运动员在比赛前后要注意补充盐分，炼钢工人或高温工作者

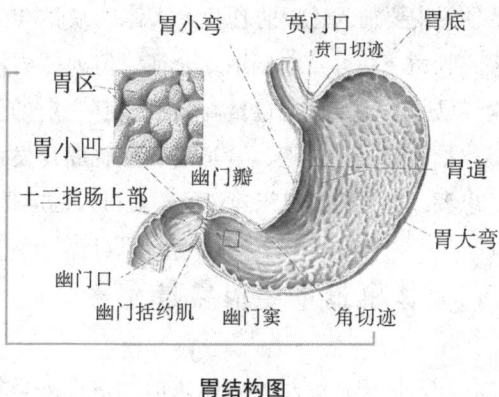

丰富的水果

的饮料中要加入适量的食盐。人体内缺钠会感到头晕、乏力，长期缺钠易患心脏病，并可异致低钠综合征。但人体内钠含量高了也会危害健康，科学界已基本认定食盐过量与高血压有一定的关系。有报道说，人体随食盐摄取量的增加，骨癌、食道癌、膀胱癌的发病率也增高。因此，对于高血压患者，世界卫生组织建议的含盐摄入标准是每天不超过 6 克。

人体中最重要的微量元素

在人体中含量低于 0.01% 的元素称为微量元素。目前已经确定的微量元素有 16 种，它们是：锌（Zn）、铜（Cu）、钴（Co）、铬（Cr）、锰（Mn）、铁（Fe）、砷（As）、硼（B）、硒（Se）、镍（Ni）、锡（Sn）、硅（Si）、氟（F）、钒（V）、钼（Mo）。

近年来，研究发现长寿老人体内存在着一个优越的微量元素谱，其中 Fe、I、Mn、Zn、Cr、Co、Cu、Se 等格外引人注目。在这 9 种微量元素中，铁在造血，碘在防治甲状腺肿大方面的作用已为人们熟知。

锰

锰是人体内许多重要酶的辅助因子，这些酶具有消除导致细胞老化的氧化物的作用，人体缺锰会使机体的抗氧化能力降低，从而加速机体的衰老。我国著名的长寿之乡——广西巴马县，那里的长寿老人头发中锰的含量就高于非长寿地区老人。

锰被确定为人类必需微量元素有 60 多年的历史。在体内含量很少，但起着非常重要的作用。目前，已知锰参与多种酶的组成，影响酶的活性。体外实验证明有上百种酶可由锰激活，有水解酶、脱羧酶、激酶、转移酶、肽酶等等。

锰与多种生理功能有关，锰缺乏可造成多种病态：

（1）可影响骨骼的正常生长和发育。用缺锰饲料喂养雌性大鼠，所生幼鼠骨骼生长不成比例。四股骨骼缩短，脊骨弯曲，颅骨也变形。

（2）可影响糖的新陈代谢。如豚鼠缺锰后，葡萄糖耐受异常，葡萄糖

利用率下降，使胰岛素合成
与分泌降低，可能是胰岛素
肝细胞受到了破坏。也可见
实验动物腹腔和肝脏的脂肪
储存明显增加。

（3）锰在维持正常脑功
能中必不可缺，与智能发展、
思维、情感、行为均有一定
关系。缺少时可引起神经衰
弱综合征。癫痫病人、精神

菱 锰

分裂症病人头发和血清中锰含量均低于正常人。

（4）锰与衰老：有学者报道，哺乳类动物的衰老可能与锰—过氧化物
酶减少引起抗氧化作用降低有关，因而长寿可能与高锰存在某些关系。

（5）锰与癌症的关系已引起人们的关注：在流行病学的调查中可见，
癌症患者发锰含量显著低于正常人。在动物诱癌实验中也看到，随着癌瘤
的发生与发展，肝、肺中锰含量降低，但肿瘤部位锰含量升高。但总的来
看，尚需进行更多的研究。

锌

锌也是许多酶的成分之一，在组织呼吸、蛋白质的合成、核酸代谢中起
重要作用。锌对皮肤、骨骼的正常发育是必需的，锌能促使脑垂体分泌出性
腺激素，从而使性腺激素发育成熟，功能处于正常的稳定状态。动物实验表
明衰老与性腺有关。因此，锌能防止人体衰老，同时还具有预防高血压、糖
尿病、心脏病、肝病恶化的功能。人体慢性缺锌会引起食欲不振、味觉嗅觉
迟钝、伤口痊愈率降低、儿童生长发育受阻、老年人会加重衰老等症状。

锌对人体抗老防衰的主要作用有以下三个方面：

（1）推迟细胞老化：锌具有抗氧化作用。体内自由基的生成是促进衰
老的重要因素，老年人机体清除自由基的能力减弱，自由基引起细胞基质
过氧化，形成过氧化脂质（LPO），破坏生物膜，导致细胞死亡。锌的抗氧

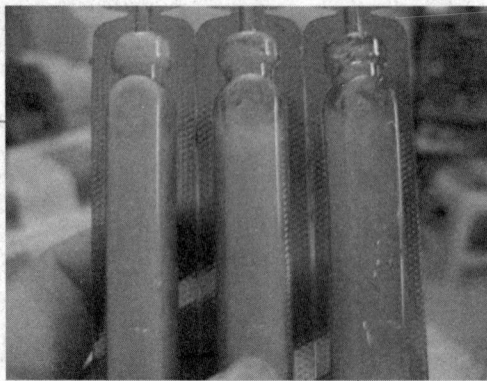
含锌溶液

化作用保护了生物膜的结构和功能，并参与细胞的复制过程。因此，锌能推迟细胞衰老过程，延长细胞寿命。

（2）抵抗传染病：锌可提高人体免疫力，减少传染病。研究已经证实，锌对预防流行性感冒和缩短病程发挥着重要作用。缺乏锌，体内胸腺萎缩，血液淋巴细胞减少，自然杀伤细胞功能下降，人体免疫功能减弱，易患传染病。还可以产生食欲不振，味觉减退，皮肤、黏膜溃疡不易愈合，适应能力降低等。

（3）延缓性老化：锌能活跃性功能，使体内性激素分泌正常。缺锌使性激素分泌减少，生殖器发生退行性变化，性功能显著下降。激素的减少是衰老的主要象征，体内性激素显著减低，人便迅速老化。

铬

铬有降低胆固醇的作用。凡是患有动脉粥样硬化病的人，其机体的细胞里无例外地缺乏铬元素。缺铬还会使胰岛功能下降，以致胰岛素分泌不足，使糖类代谢紊乱而患上糖尿病。

铬对人体起着很重要的作用：

（1）铬是人体必需的一种微量元素。正常人体内只含有 6～7 毫克，但对人体很重要。也很灵敏。每千克体重只要给予 1 微克的铬，就足以显示出它的生物功能。尽管需要量如此之少，但缺铬的问题仍然存在，这主要是因为人们从食物中摄取铬，而大量的精加工食品在加工过程中丧失了大量的铬。铬广泛地分布于体内各个器官组织和体液中，铬的主要功能是在糖代谢中起作用。

（2）铬与糖耐量：葡萄糖耐量、葡萄糖氧化为二氧化碳、葡萄糖转化为脂肪都需要铬的参与。糖利用时要消耗铬，当糖大量利用时有可能造成铬的不足；铬不足时又影响糖的利用。铬具有抗糖尿的作用。美国马里兰州人类营养研究室的医生们经过近 15 年的研究指出，葡萄糖负荷可造成铬丢失，水果和蔬菜虽然也含丰富的糖，但不会引起铬丢失，因为含的是果糖，果糖释放的很慢，而且含有足够的铬能与淀粉和糖的作用抵抗。铬是唯一随年龄增加而体内含量下降的金属元素。当铬随年龄增长而降低时，糖耐量也随年龄的增长而降低。老年人易患糖尿病可能与此有关。

(3) 铬与胰岛素：人体对葡萄糖的耐受，受葡萄糖耐受因子的调控，而葡萄糖耐受因子的稳定，铬是必不可缺的因素。葡萄糖耐受因子可促进胰岛素的作用，而可增加胰岛素活性，从而减少胰岛素的用量而有助于对血糖的控制。应该说，铬的功能是通过胰岛素而实现的。铬的作用部位是细胞膜上的胰岛素受体，有可能是增加受体的数量并易化受体的作用。铬不是胰岛素的取代物，是促进胰岛素作用的"加强剂"，是胰岛素起作用的"共同要素"。缺铬使组织对胰岛素的敏感性降低。

(4) 铬与糖尿病和心血管疾病：铬与糖尿病和动脉粥样硬化关系密切。缺铬严重地区糖尿病发病率高。已有非常足够的证据证明，铬不足引起糖耐量异常，绝大部分最终发生糖尿病的人都从糖耐量异常开始，预防糖耐量异常起着预防糖尿病的作用。摄入足够的铬，可使糖耐量正常而预防糖尿病的发生。II 型糖尿病病人产生大量胰岛素，但血糖得不到很好的控制，随着铬的补充，内源胰岛素减少，糖耐量改善。含铬丰富的食物，可增强胰岛素的效应，预防糖尿病的发生。

(5) 缺铬是糖尿病和动脉粥样硬化之间的共同环节。低铬食物能使糖耐量降低，也能引起动脉硬化症。在食物中加入含铬化合物可使糖耐量恢复，也可预防和控制动脉粥样硬化的发生。冠心病患者血中铬含量明显低于正常人，死于冠心病的人大动脉组织内铬含量明显低于突发事故死亡者。动物实验也证明，给铬可阻止动脉粥样硬化的形成。缺铬可引起脂肪代谢失调，而促进动脉粥样硬化。补充铬可降低血清总胆固醇，增加高密度脂胆固醇。

人体中最重要的有机化合物

糖

碳水化合物又称糖，是构成人体的重要成分之一。平常我们吃的主食如馒头、米饭、面包等都属于糖类物质。另外白糖、红糖、水果，也属于糖类物质。糖根据能否水解又分为单糖、双糖（如蔗糖、麦芽糖、乳糖等）、多糖（如淀粉、糖原和纤维素等）。米、面、玉米及白薯所含的淀粉属多糖；红、白糖中的蔗糖及牛乳中的乳糖均是双糖；水果中的糖主要是葡萄糖及果糖，属于单糖。

糖的生理功能：①供给能量。糖的主要功能是供给能量，人体所需能量的70%以上是由糖氧化分解供应的。人体内作为能源的糖主要是糖原和葡萄糖，糖原是糖的储存形式，在肝脏和肌肉中含量最多，而葡萄糖是糖的运输形式。1克葡萄糖在体内完全氧化分解，可释放能量 1.67×10^4 焦耳。②糖也是组织细胞的重要成分，如核糖和脱氧核糖是细胞中核酸的成分；糖与脂类形成的糖脂是组成神经组织与细胞膜的重要成分；糖与蛋白质结合的糖蛋白，具有多种复杂的功能。

糖果

生物细胞的各种代谢活动，包括物质的分解和合成都需要有足够的能量，其中 ATP 是糖类降解时通过氧化磷酸化作用而形成的最重要的能量载体物质。生物细胞只能利用高能化合物（主要是 ATP）水解时释放的化学能来作功，以满足生长发育等所需要的能量消耗。

葡萄糖、果糖等在降解过程中除了能提供大量能量外，其分解过程中还能形成许多中间产物或前体，生物细胞通过这些前体产物再去合成一系列其他重要的物质，包括：

①乙酰 CoA、氨基酸、核苷酸等，它们分别是合成脂肪、蛋白质和核酸等大分子物质的前体。

②生物体内许多重要的次生代谢物、抗性物质，如生物碱、黄酮类等物质，它们对提高植物的抗逆性起着重要的作用。

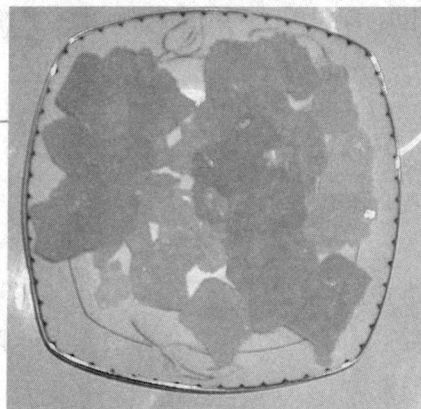
冰糖

脂 肪

脂类是指一类在化学组成和结构上有很大差异，但都有一个共同特性，即不溶于水而易溶于乙醚、氯仿等非极性溶剂中的物质。通常脂类可按不同组成分为 5 类，即单纯脂、复合脂、萜类和类固醇及其衍生物、衍生脂类及结合脂类。

脂类物质具有重要的生物功能。脂肪是生物体的能量提供者。脂肪也是生物体的重要成分，如磷脂是构成生物膜的重要组分，油脂是机体代谢所需燃料的贮存和运输形式。脂类物质也可为动物机体提供溶解于其中的必需脂肪酸和脂溶性维生素。某些萜类及类固醇类物质如维生素 A、维生素 D、维生素 E、维生素 K、胆酸及固醇类激素具有营养、代谢及调节功能。有机体表面的脂类物质有防止机械损伤与防止热量散发等保护作用。脂类作为细

高脂肪食物冰激凌

胞的表面物质，与细胞识别，种特异性和组织免疫等有密切关系。

概括起来，脂肪有以下几方面生理功能：

（1）生物体内储存能量的物质并供给能量。1克脂肪在体内分解成二氧化碳和水并产生38千焦（9千卡）能量，比1克蛋白质或1克碳水化合物高1倍多。

（2）构成一些重要生理物质。脂肪是生命的物质基础是人体内的三大组成部分（蛋白质、脂肪、碳水化合物）之一。磷脂、糖脂和胆固醇构成细胞膜的类脂层，胆固醇又是合成胆汁酸、维生素 D_3 和类固醇激素的原料。

（3）维持体温和保护内脏、缓冲外界压力。皮下脂肪可防止体温过多向外散失，减少身体热量散失，维持体温恒定。也可阻止外界热能传导到体内，有维持正常体温的作用。内脏器官周围的脂肪垫有缓冲外力冲击保护内脏的作用，减少内部器官之间的摩擦。

（4）提供必需脂肪酸。

（5）脂溶性维生素的重要来源鱼肝油和奶油富含维生素 A、维生素 D，许多植物油富含维生素 E。脂肪还能促进这些脂溶性维生素的吸收。

（6）增加饱腹感。脂肪在胃肠道内停留时间长，所以有增加饱腹感的作用。

脂质代谢的研究中最重要的内容是脂肪的代谢，目前影响人类健康的主要疾病——心血管疾病、高血脂、肥胖等都与脂肪代谢失调密切相关。

蛋白质

蛋白质这个名词对许多人都不陌生。"高蛋白"几乎成了高营养的代名词。可是蛋白质在生物学上的重要性，倒不在于营养方面，而是因为它为生命功能的执行者。可以把生命现象看作是最高级的运动形式，这种运动形式的实现每一步都离不开蛋白质。

酶是最重要的蛋白质，生物体内所进行的各种化学反应大都需要酶来催化。小分子物质在体内的运输也是靠蛋白质来完成的。不但如此，动物机体的运动，如肌肉的收缩，是靠几种蛋白质的相对滑动来实现的。生物体的防御系统，依靠抗体、干扰素等来发挥作用，它们都是蛋白质。

近年来还发现人类的记忆、思维等高级神经活动，其实质也是蛋白质运动。遗传信息通过控制蛋白质合成而表现出相应性状，但这一过程同样还受蛋白质的调节。所以说，蛋白质是生命功能的最主要的执行者。

含蛋白的食物

20世纪60年代初兴起的分子生物学前期主要是开展对核酸的研究。如今，分子生物学的研究重点已在逐渐转移到蛋白质上来。因为核酸只是生物体这座大厦的图纸，而真正构筑起大厦并行使着各种功能的主要还是蛋白质。

蛋白质是一类含氮的生物高分子，它的基本组成单位是氨基酸。氨基酸上都有氨基、羧基2个基因，不同的氨基酸就靠这2个基团脱水缩合而连接起来。构成蛋白质的氨基酸共有20种，其中有8种是人体内无法合成的，需从食物中摄取，称为必需氨基酸。

不同氨基酸的氨基和羧基脱水缩合而成一条氨基酸残基链，称为肽链，一条或几条肽链以某种方式组合成有生物活性的分子就是蛋白质。

蛋白质是生物体内一类生物大分子，具有各种重要的功能。

（1）构造人的身体：蛋白质是一切生命的物质基础，是肌体细胞的重要组成部分，是人体组织更新和修补的主要原料。人体的每个组织如毛发、皮肤、肌肉、骨骼、内脏、大脑、血液、神经、内分泌等都是由蛋白质组成，所以说饮食造就人本身。蛋白质对人的生长发育非常重要。

比如大脑发育的特点是一次性完成细胞增殖，人的大脑细胞的增长有2个高峰期。第一个是胎儿3个月的时候；第二个是出生后到1岁，特别是0~6个月的婴儿是大脑细胞猛烈增长的时期。到1岁大脑细胞增殖基本完成，其数量已达成人的9/10。所以0~1岁儿童对蛋白质的摄入要求很有特色，对儿童的智力发展尤关重要。

（2）修补人体组织：人的身体由百兆亿个细胞组成，细胞可以说是生命的最小单位，它们处于永不停息的衰老、死亡、新生的新陈代谢过程中。例如年轻人的表皮28天更新一次，而胃黏膜2~3天就要全部更新。所以一个人如果蛋白质的摄入、吸收、利用都很好，那么皮肤就是光泽而又有弹性的。反之，人则经常处于亚健康状态，组织受损后，包括外伤，不能得到及时和高质量的修补，便会加速机体衰退。

（3）维持肌体正常的新陈代谢和各类物质在体内的输送。载体蛋白对维持人体的正常生命活动是至关重要的。可以在体内运载各种物质，比如血红蛋白输送氧（红血球更新速率250万/秒），脂蛋白输送脂肪，细胞膜上的受体还有转运蛋白等。

（4）维持机体内的渗透压的平衡及体液平衡。

（5）维持体液的酸碱平衡。

（6）免疫细胞和免疫蛋白：有白细胞、淋巴细胞、巨噬细胞、抗体（免疫球蛋白）、补体、干扰素等。7天更新一次。当蛋白质充足时，这个部队就很强，在需要时，数小时内可以增加100倍。

（7）构成人体必需的催化和调节功能的各种酶。我们身体有数千种酶，每一种只能参与一种生化反应。人体细胞里每分钟要进行100多次生化反应。酶有促进食物的消化、吸收、利用的作用。相应的酶充足，反应就会顺利、快捷地进行，我们就会精力充沛，不易生病。否则，反应就变慢或者被阻断。

（8）激素的主要原料。具有调节体内各器官的生理活性。胰岛素是由51个氨基酸分子合成。生长素是由191个氨基酸分子合成。

（9）构成神经递质乙酰胆碱、5－羟色氨等。维持神经系统的正常功能，如味觉、视觉和记忆。

（10）胶原蛋白：占身体蛋白质的1/3，生成结缔组织，构成身体骨架。如骨骼、血管、韧带等，决定了皮肤的弹性，保护大脑（在大脑脑细胞中，很大一部分是胶原细胞，并且形成血脑屏障保护大脑）。

（11）提供大量的热能，帮助人力活动。